暮らして見た普天間

沖縄米軍基地問題を考える

植村秀樹

吉田書店

はしがき

二〇一三年九月から翌年の三月まで、わたしは沖縄県宜野湾市で暮らした。この本は、その半年あまりの生活とささやかな調査をもとにしている。宜野湾はいわずと知れた普天間基地のある街だ。米軍基地のそばで暮らすとはどういうことなのか、身をもってそれを知り、そこから米軍基地問題を考えてみようと思った。書名を『暮らして見た普天間』としたのは、まさに暮らしのなかで見聞し、体験したことが中心になっているからにほかならない。

勤務先の大学を離れ、普天間基地に隣接する沖縄国際大学法学部の研究員として過ごす機会が得られた。研究テーマは、もちろん沖縄に駐留するアメリカ軍の基地問題である。なかでも普天間基地を中心とする海兵隊が関心の中心である。大学図書館に通うなどして、文献資料に基づく研究もしたが、それよりも生活者としての体験をより重視している。

米軍基地問題といえば、「日米同盟」だの「抑止力」だのといったむずかしい言葉を並べて、さまざまなジャーゴン（「わけのわからないことば」の意、専門用語などという気取った呼び方もある）を多用し、いわゆる大所高所から論じるのが常だが、それだけでいいのだろうか。大所高所というと聞こえがいいが、たいていの場合、現場の状況やそこに暮らす人たちのことを考えない、東京（永田町・霞が関）やワシントンで流通しやすい話というにすぎない。そうでない基地問題へのアプローチもあってしかるべきだろう。

沖縄に集中している米軍基地の問題をめぐって、特にこの数年、沖縄と本土のあいだの「温度差」がいわれてきた。それどころか最近では「温度差」にとどまらず、しばしば「差別」と呼ばれるまでになっている。戦後、沖縄は長いあいだアメリカ軍の支配下に置かれてきた。その歴史とその帰結としての現状について、本土の国民は十分に理解しているとはいいがたい。また、沖縄の米軍基地問題についての無理解ばかりか、さまざまな誤解もある。無理解は無関心から生まれるのだろうが、誤解は、誤解する側の問題ばかりでなく、誤解される側についても考えてみなければならないのではないか。誤解につながるような事情があるのかもしれない。

沖縄の基地問題に対して、本土では大きく二つの態度あるいは見方がある。まず、これを沖縄に固有の問題として、つまり本土の人にとっては他人事として受け流すというものである。沖縄の経済は基地に頼っている、と思っている人も少なくない。だから、基地反対運動のように見えても実はカネ欲しさにやっている、という人までいる。他方では反対に、基地を国家安全保障の枠組みでとらえ、それは中央政府の専管事項であり、地方自治体やその住民が口を出すことではない、というとらえ方がある。米軍基地は日本の安全に欠くことのできないものであり、沖縄に基地が集中するのもやむを得ないと考える。

こういった見方は正しいのだろうか。わたしは、いずれも実情を正しく反映した議論ではないのではないか、という疑問を抱いていた。沖縄の米軍基地をめぐる問題は、一面では国家安全保障の問題であり、同時に、人びとの日々の暮らしの問題でもある。その両面をともに見ることなく、一方だけを見て議論するのではまさに片手落ちだろう。

沖縄についての本は、本土の書店にもたくさん置いてある。基地問題に関する研究文献も本土でも手に入る。何度も沖縄に足を運び、すぐれた研究成果を上げている研究者も多い。それでも、そうした研究だけでは足りないものがあるような感じを抱いていた。沖縄が抱えている基地問題とは、どういうものなのか。実際に暮らしてみなければわからないこともあるのではないか。たとえしばらくのあいだでも、現地で、しかも基地の近くで暮らしてみることでわかることがあるかもしれない。目や耳をはじめ自分の五感を少し信用してみようと思った。

数えてみると、わたしに与えられた二一三日のうち、一九五日間をにわか宜野湾市民として過ごした（そのうちの一〇日ほどは出張などで沖縄を離れていた）。基地の近くに借りたアパートで暮らし、発着するヘリコプターや航空機の騒音とまさに寝起きをともにした。不快に感じることが多かったが、それほど気にならない場合もある。訓練で連日、発着が続いたこともあったし、静かな日もあった。

わたしは滞在のあいだ、自分の足で歩いて、自分の目と耳で見て聞いて、暮らしのなかにある基地を感じていた。近所の人や地元の自治会の役員といった人たちには話を聞いたが、現職はもちろん、元知事や元市長といった公職に就いていた、いわゆるエライ人へのインタビューはほとんどしていない。そうした人に話を聞けば聞くほど、そうした人の視点からものを見るようになってしまうような気がしたからだ。実際、基地周辺に住む人たちの意見もさまざまだった。そんなことがわかっていくうちに、沖縄自身が抱える問題も見え始めてきた。そうしたことをつづってみようと思う。

この本を手に取り、これからお読みになる（かもしれない）方に、本の構成についてお伝えしておこう。本文は八つの章から成るが、二章ずつ対になっており、大きくとらえれば、総論、歴史、経済、政治という四つのテーマにまとめることができる。1、3、5、7の奇数の章では、わたしが過ごした宜野湾での暮らしを中心に、わたしが見聞きし体感したことが中心となっており、見聞記に近いものである。偶数の章では、それぞれに対応して、データなどもまじえて、多少なりとも調べたことを中心に書いていく。読者のみなさんの興味に応じて、奇数の章だけを先に読んでもらってもかまわないし、二つずつまとめて読んでいくのもいいだろう。

なお、本文では敬称は執筆時点で存命中の方のみとし、肩書や所属は基本的にその当時のものである。

暮らして見た普天間——沖縄米軍基地問題を考える

目次

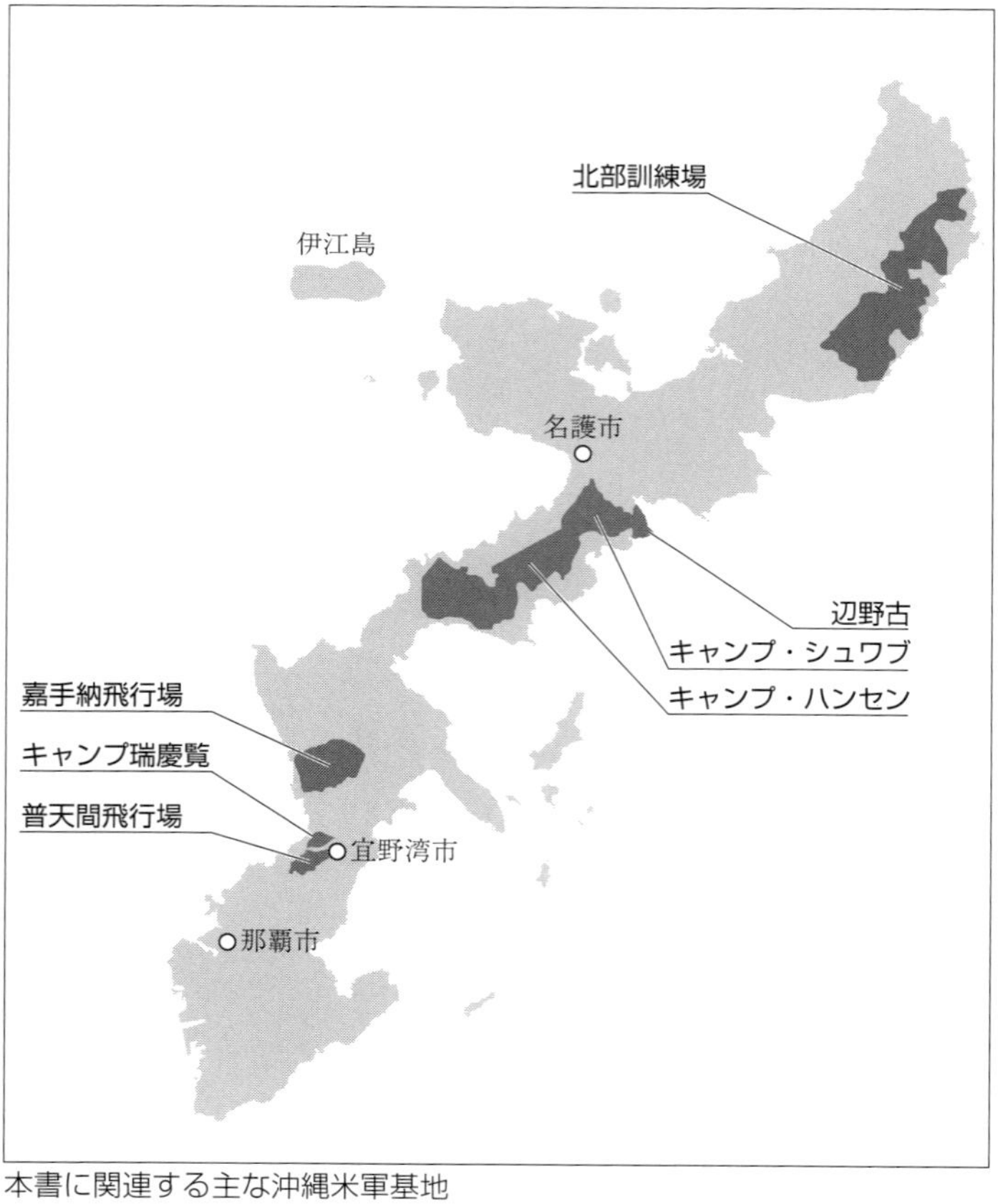

本書に関連する主な沖縄米軍基地

地図は、沖縄県知事公室基地対策課編『沖縄の米軍基地』などを参考に作成

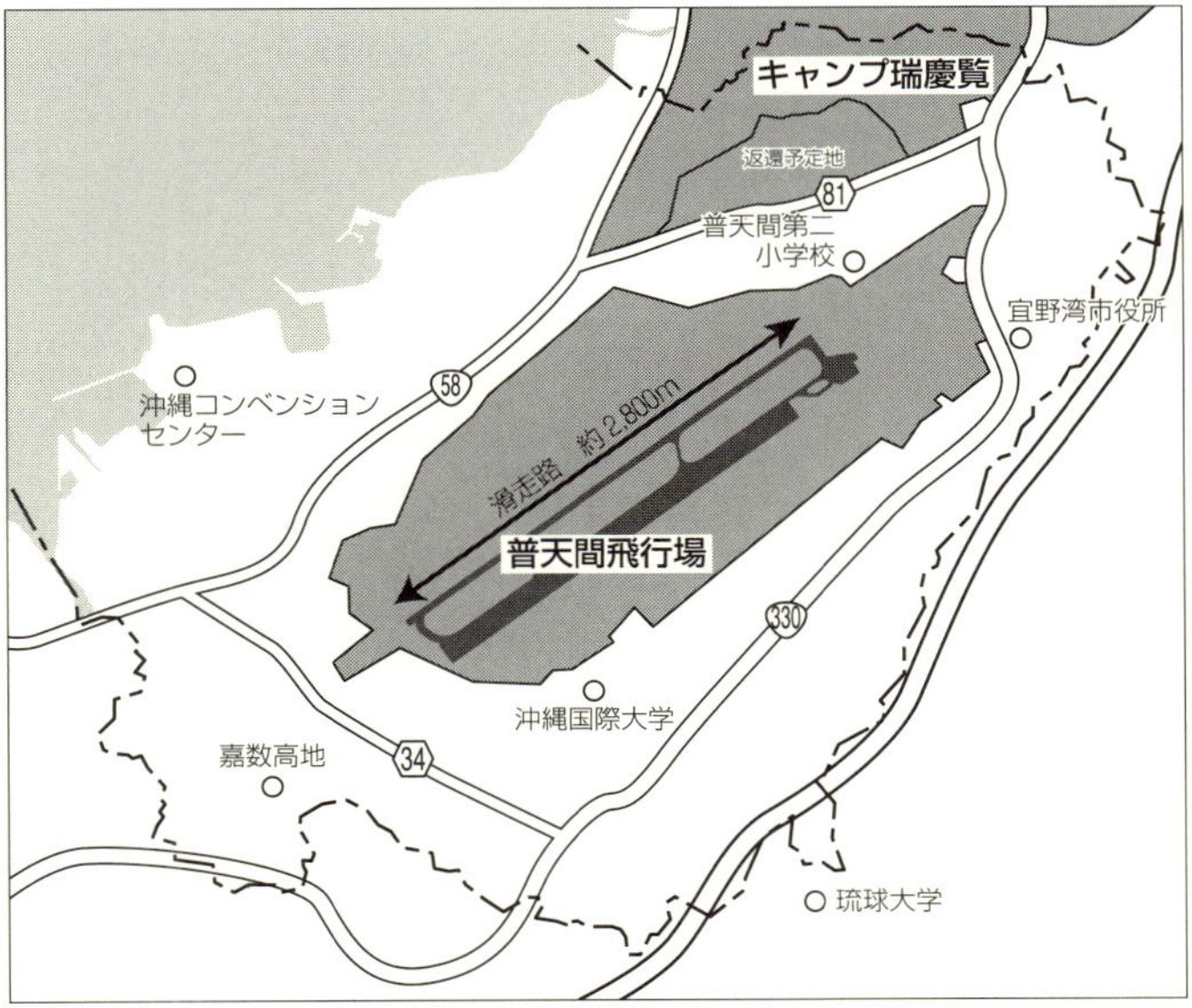

宜野湾市中央に位置する普天間飛行場

Ⅰ　普天間から考える

1――普天間で暮らす

ドーナツシティ宜野湾

「普天間よ」

宜野湾市に半年ほど暮らすことが決まり、普天間について多少なりとも知っておこうと、大城立裕の短編集『普天間よ』（新潮社、二〇一一年）を手に取った。一九六七年に「カクテル・パーティー」で芥川賞を受賞し、「小説・琉球処分」などで知られる大城は沖縄を代表する作家である。この短編集には同名の小説「普天間よ」がおさめられており、そこには、わたしの知らなかった、そして知っておくべき普天間があった。また、この本におさめられている別の小説には、沖縄で「慰霊の日」とされる六月二三日を「軍司令官と参謀長が野戦に何万という敗残の兵士を置き去りにして自決した」日としている。よく知られている「ひめゆり部隊」の悲劇もその大半は、この司令官が「置き去り」にしたあとに起きたものだ。大城は、日本軍の無責任さを撃つ鋭いことばで悲惨な沖縄戦の本質をあらわした。

小説「普天間よ」には実に興味深いことが書いてあった。今ではアメリカ海兵隊の飛行場になっている場所には、かつて美しい松並木があったこと、そして、ある集落の住民らは、一九四五年四月にアメリカ軍が上陸し、宜野湾に侵攻してきた際に、地下に広がる洞窟に避難した。そして抵抗することなく「降伏」した。そのおかげでほとんどの人が生きのびることができたという。戦闘員（軍人）ではないので、「降伏」というのはおかしいのだが、要するに、米軍の管理下に入ったということだ。もっとも、その後は収容所に入れられ、地元を離れて苦難の日々を送ることになる。

小説とはいえ、沖縄出身の大城が、沖縄戦に関連して史実に基づかないことを書くはずはない。まずは、これを確かめなければならないと思った。

「ドーナツタウン・フティーマ」

沖縄に来てまもなく、面白い本に出会った。宜野湾《ぎのわん》市商工会ぎのわんブランド策定委員会の企画で編集された『FUTENMA 360°』というその本では、「ドーナツ」のようなかたちをした宜野湾市をその特徴から「ドーナツタウン・フティーマ」という架空の街にしたてて、魅力を紹介している。

宜野湾市は、普天間基地を中心にドーナツ状に市街地がある。（略）市の北東にある市役所から、南西にある警察署へ行くには、基地の周囲をぐるっと半周する。東京都千代田区も皇居を中心とするドーナツ状の街だが、宜野湾市は、この東京の千代田区と中央区を合わせた区域の真ん中に、皇居の三倍以上の「禁中《きんちゅう》」があるイメージだ。

これで少しは想像がつくだろう。地図で見ると、宜野湾市はパパイヤの断面のようなかたちをしている。その中央部にあるのがアメリカ海兵隊の普天間飛行場である。基地を市街地や住宅地が取り囲んでいるので、確かにドーナツに見える。そして「禁中」（皇居）と同じく、真ん中部分には一般市民は立ち入れない。

オフィスユニゾン編／三枝克之主筆『FUTENMA 360°——the welcome book to Ginowan city』表紙。

反対側に行くためには、ぐるっと半周しなければならないのである。ところで、「フティーマ」とは、もともと地元の人たちの発音をまねて、アメリカ兵が普天間をこう呼ぶようになったのだという。

米軍が何もないところに基地をつくったら、カネ目当てに人が集まるようになり、今のような状態ができあがった――こういう話が広まっている。「ドーナツタウン・フティーマ」はこうしてできたのだろうか。

結論を先にいえば、これはインターネット上でよくある無責任なデマにすぎないのだが、それだけでなく、当の海兵隊がそれを広めているという話も耳にした。それを広めているひとりは、かつて日本の大学院で学び、沖縄問題の歴史を研究した論文で博士号を取得したアメリカ人だと複数の人から聞いた。そのアメリカ人はわたしも知っている人なのだが、まさかあの人が、と耳をうたがった。

さらにおどろいたのは、沖縄の若い人たちのあいだでも、こういう話がかなり信じられているというのである。沖縄はいったいどうなっているのか。

じのーんなんまち

沖縄に来てちょうど一カ月が過ぎた二〇一三年一〇月一四日、かつての琉球国王が普天満宮と普天満山神宮寺を参拝するようすを再現する催しが行われた。王のこの神社への参拝は一六四四年に始まり、毎年九月（旧暦）に行われていたものだという。それを初めて再現するこの催しは、王と王妃の扮装をはじめ、往時を再現した豪華絢爛たるものだ。一〇〇人の宜野湾市民が当時の服装に身をつつんでこれに加わり、およそ一キロを練り歩いた。沿道には多くの見物客が集まった。

近年、沖縄ではこうした琉球王国時代の風物を再現する催しが多くなっているようだ。琉球王国は「古き良き時代」とされているのだろうか。往時をしのぶ歴史絵巻を楽しむということだけでなく、基地問題への対応に見られるような日本政府への不満が、その背景にあるようにも思える。

それはさておき、この行列を歴史の再現と呼ぶには注釈が必要だろう。かつて国王一行が通ったその街道には、美しい松並木があった。その宜野湾並松（地元のことばで「じのーんなんまち」と呼ぶ）は今は存在しない。普天満宮から南へ六キロ近くのあいだに二九〇〇本あまりの琉球松の並木があり、一九三二年には国の天然記念物に指定された。その松並木が消えたのは一九四五年夏のことである。沖縄戦とそれに続く基地建設が、宜野湾から松並木ともども、人びとが暮らしていた集落まで

普天満宮と並松　一九三八年頃。左下に見えるのはトロッコのレール（写真提供：宜野湾市教育委員会文化課）

すべて奪い去った。まずはアメリカ軍の侵攻を前にして日本軍が、沖縄占領後はアメリカ軍が、それぞれの都合で切り倒してしまった。

「フティーマ」が地元の呼び方をそのまま文字にしたものであるのと同じように、宜野湾は「ジノーン」となる。書店や医院などの名に「じのん」をしばしば目にするのはそういうわけである。

「普天満宮で行事があるときは人通りもにぎやかだったよ。……松はすごかったよ。うっそうとして、少しぐらいの雨なら松の下に入るとぬれなかった。あれだけの立派な木が一本もなくなったんだから、もったいないことするねえ、戦争というのは」。戦前を知る人は当時をこう回想する。二〇一三年一〇月から宜野湾市立博物館で始まった特別展「近代沖縄と宜野湾」に、その松並木の写真も何枚か展示されていた。

その松並木を伐採して基地をつくったことは、地元の人びとにとっては「鉄の暴風」が戦後も続いたに等しい。だからこそ、暮らしをまるごと奪われた人たちの故郷に対する郷愁の思いはひときわ強いものがあった。それが「郷友会」を発展させることにつながる。

旧日本軍関係の組織にも「郷友会」というものがあるが、そちらが「ごうゆうかい」であるのに対して、こちらは「きょうゆうかい」と呼ぶ。郷友会を通じた沖縄の人びとの結びつきは特に強い。その多くは、沖縄本島に出てきている離島出身者などの相互扶助の組織だ。代表的なもののひとつは、宮古島出身者の集まりである。宮古島出身者は数が多いだけでなく、結束力が強く、選挙のときなどにも大きな力を発揮するらしい。沖縄の政治では、こうした「郷友会票」はかなりの影響力を持っているという。しかし、普天間をはじめ、米軍基地に家や土地を奪われた人たちがつくる郷友会は、またこれとはいささか異なるものである（くわしくは後で述べる）。

沖縄の政治・経済の中心地である那覇からほど近いこの地域は、戦後の復興とともに人口も増え続け、その結果、ドーナツシティ・ジノーンがかたちづくられた。

フェンス沿いを歩く

車社会

沖縄で暮らすうえで、まず考えなければならないことのひとつは、車を持つか持たないかであった。沖縄県内には鉄道がほとんどなく、道路は交通渋滞のためにバスの時刻表はあてにならないという土地で暮らすのだから、車がないと不便であることはいうまでもない。沖縄の知人たちは、当然のようにわたしが車を持つものと思っていた。無事故・無違反に無運転までが加わる筋金入りの優良ドライバーのわたしは迷った。知人のなかには車がなくても大丈夫という人もいたが、例外なく本土出身者だった。

沖縄はかなり重症の車社会である。街には自動車があふれ、オートバイはいくらか見かけるものの、自転車はいたって少ない。まれに高校生が自転車で通学している姿に出くわすことがあるが、勤め人や主婦が通勤や買い物に自転車を使うことはほとんどない。亜熱帯性の気候のために暑いこと、加えて沖縄は意外と坂が多いことなどが、自転車の少ない大きな理由だろう。さらには、全長一三キロのモノレール以外に鉄道がないため、通勤・通学のために自転車で駅まで行くという本土では当たり前の行動は沖縄ではありえず、よけいに自動車に頼ることになったのだろう。

だが、それだけでは説明がつかないように思う。それを裏づけるように、沖縄本島南部のある自治体では、小学生に徒歩通学を呼びかけていた。これは裏返せば、歩いて通えるにもかかわらず、親の車で通学する児童が多いことを意味している。

「一〇〇メートル先のコンビニエンス・ストアにも車で行くのが沖縄人だ」と

地元の人が自嘲的に言うほどの車依存社会が沖縄である。野球の試合でフォアボールになった打者が、一塁まで行くのにタクシーを呼ぶ、というテレビCMがあるのだとか。

宜野湾市内を歩いていて、「犬も歩けばカメも歩く。あなたも歩こう」という、地元の子供会が出したユーモラスなたて看板を見かけた。愛知県の田舎町で育ち、東京と千葉で暮らしてきたわたしには考えられないことだ。

（筆者撮影）

「一〇〇メートル先……」にはいくぶん誇張がふくまれているとしても、沖縄国際大学（以下、地元の略称にならって「沖国大」とする）の学生が、キャンパス内の駐車場に車を入れるために、路上に列をなして駐車場に空きができるのを待っている姿を見ているうちに、疑問を感じるようになった。ほんの少し先には別の学生用駐車場があり、そこなら空きスペースがある。キャンパスまで歩いて三分とかからない。にもかかわらず、そちらに停めようとはしない。車のなかでスマート・フォンをいじりながら、校舎に近い駐車場の空きを待つ学生の姿を見ているうちに、違和感をおぼえた。こうした学生のなかには、車がなくても特に不都合もなく大学に通える学生も少なからずいるにちがいない。車での通学が便利なことはわかる。しかし、便利と必要はちがう。車を持てる（買える）から、その便利さゆえに車で通うその姿を見ているうちに、ふとアメリカ海兵隊の沖縄駐留を思い出した。

海兵隊は、ほんとうに必要かどうかの検討がなされることのないまま、沖縄での駐留を続けている。海兵隊にとっては、沖縄は苦労のうえに手に入れた〝戦利品〟であるし、都合がいいから沖縄に駐留しているのであって、日本の防衛にとって必要不可欠だからではない。海兵隊は日本に駐留し続けたい（〝戦利品〟を手放したくない）と思い、日本政府は、沖縄なら何とかなる（と思っている）から、駐留を認めている。つまり、必要からではなく、便利だからという理由で、海兵隊の沖縄駐留は続いている。わたしはこう考えている。

学生はというと、車で通うことが便利だから、道路が渋滞したり、駐車場の空きを待たなければならなかったりといった不便が多少あっても、何とかなるから、車で通学している。こういう学生の姿が、何となく、日本政府の沖縄に対する態度にかさなって見えてきたのである。そう、要するに、安易なのだ。安易な姿勢という点において共通しているのではないのか。

車社会は経済にも影を投げかけている。朝夕のラッシュ時の那覇市内の車の走行速度は全国一遅いといわれており、交通渋滞による時間の損失も全国屈指の長さである。当然ながら、経済的な損失につながっている。沖縄に来る前に、知人から「沖縄の人は時間を守らない」と聞いたが、交通渋滞もその原因（あるいは言い訳）のひとつなのかもしれない。

必要なときにはレンタカーを借りることにして、車は持たないことに決めた。迷いながら車なしでしばらく暮らした末の結論である。理由のひとつには、車社会・沖縄へのいささかの反発もある。どう見ても沖縄の車依存はいきすぎだろう。過度なまでの車依存は、近年問題となっている長寿県からの転落とも関係があるだろう。

長寿社会のかげり

かつては長寿県といわれた沖縄の看板がかなりあやしくなっている。前年には全国で四位だった男性の平均寿命が二六位に落ち、県内に衝撃が走ったのが二〇〇二年のことである。一九八五年には一位だっただけに衝撃は大きかった。

この転落は、突然やってきたわけではない。急速な食生活の変化がもたらした結果として、「働き盛りの壮年期世代の健診結果がよくない」ことから予想されていた。保健師たちのあいだでは「恐れていたことがやってきた」と話題になったそうだ（沖縄県南風原文化センター『南風の杜』第九号、二〇〇三年三月）。

沖縄は一面ではジャンクフード王国である。宜野湾で暮らし始めてまもなく、地元で料理店を経営するある女性から「M（大手ハンバーガーチェーン）の一人あたり消費量は沖縄が日本で一番」と聞いた。別のある人は「K（大手フライドチキンチェーン）の一人あたり消費量が全国一」と言っていた。確かめる統計は持ち合わせていないが、何人かの地元の人から同じような話を聞いた。最も信頼できそうな話は、Kは一人あたりの消費量が全国一で、Mのほうは一店舗あたりの売り上げが全国一ということのようだ。人口あたりのファストフード店の数やスナック菓子類の消費量も全国一を競うほどである。今の沖縄が肥満率日本一という不名誉な看板を背負っていることと無関係とは思えない。

肥満に一役買っていそうなのが、地元の人が「ポーク」と呼ぶポーク・ランチョン・ミートである。デンマーク製もあるが、その名も「スパム」という銘柄のアメリカ製品が出回っている。かのスパム・メールの語源だが、みそ汁にまで入ってきたのにはおどろいた。スパムもアメリカ占領下につくられた輸入依存経済のもとで持ちこまれ、広まったもののひとつである。車依存とジャンクフードの組み合わせが沖縄社会に何をもたらすか、その行く末は見えている。

沖縄の生活水準が回復してきた一九六〇年代半ばごろから、脂肪分の摂取も増えて、肥満度が全国平均を上回るようになり、やがて塩分の摂取も増えてきたことによって、健康に深刻な問題を生じるようになったということのようだ。

二〇一〇年にはついに、長らく一位を保持してきた女性までも三位に後退し、男性の三〇位とあわせて「330ショック」と呼ばれた。働き盛りの年代（三五歳から五九歳）の死亡率が高いのが沖縄の特徴である。この年代の死亡率は、平均寿命が全国最下位の青森県並みであり、それが沖縄県全体の平均寿命の足を引っ張っている。つまり、高齢者は元気なのに、中年の死亡率が高くなっているのである。

長寿県からの転落に危機感をおぼえた県は「長寿危機緊急アピール」を発表した。わたしは、車だけでなくテレビも持たないことにしたため、ラジオを聴くことが多かったが、「取り戻そう、長寿社会・沖縄」というスローガンを県がラジオでさかんに広報していた。

また、県は飲酒運転の防止にもやっきになっている。人口あたりの飲酒運転による交通事故率は、二〇年以上も連続で全国一という不名誉ぶりである。確かに、ラジオや新聞では、飲酒運転による交通事故のニュースが多い。アメリカ兵による飲酒運転や交通事故も多いが、琉球大学の学生の一割が飲酒運転の経験があるという調査結果も発表された。糖尿病や肝疾患にかかる人の割合も全国でも最悪レベルらしいが、酒も一役買っているにちがいない。

話が基地問題から大きくそれた。だが、沖縄社会が抱えるこうした問題は、基地とも無関係ではない。車社会になった原因のひとつは、やはり米軍基地である。現在の主要な道路は、もとはといえば、基地と基地とを結ぶものとして整備された。その名も「パイプライン通り」という通りがある。かつて那覇軍港から基地まで燃料を運ぶ油送管が敷かれていたところである。戦後の沖縄はすべてがアメリカ軍のために、アメリカ軍の都合でつくられた。車社会もその帰結のひとつなのである。

さて、車を持たないことにしたわたしは、当然ながら移動には徒歩、バス、タクシー、そしてときにモノレールを利用することになり、さらには他人の車に乗せてもらうことになった。こうした移動は悪いことではなかった。公共交通手段は社会を見る窓でもある。車の氾濫が引き起こす渋滞が路線バスを遅らせるようすもわかり、タクシー運転手との会話は情報収集源としても有益であった。同僚や友人の車も同じだ。移動のあいだの会話は楽しいだけでなく、いろいろなことを教わる勉強の時間にもなった。

基地のなかの墓

東京ドーム一〇〇個分の広さの基地のなかに、約二八〇〇メートルの滑走路が南西から北東方向に延びている。その滑走路を取り囲むように敷地全体があり、地図で見ると、ラグビーボールを斜めに置いたようなかたちになる。基地の南側に接するようにして沖国大のキャンパスがあり、わたしのアパートは、そこからやはり敷地に沿うように南西方向に歩いて一〇分ほどのところである。基地のフェンスからアパートまでは直線距離にして一〇〇メートル足らずであり、外の廊下からは駐機場が見える。部屋のベランダに出ると、滑走路へと続く進入灯と滑走路の南端が見える。左方向に目をやると、嘉数高台《かかずたかだい》公園の展望台が見える。

宜野湾市南部の嘉数は、沖縄戦のなかでも激戦地のひとつとなった。アメリカはこの高台を攻略するのに手を焼き、「いまいましい丘(dammed hill)」と呼んだ。弾痕の残る民家の塀の一部が今も保存してあり、日本軍のトーチカも残っている。トーチカとは厚いコンクリートでおおった陣地で、機関銃を撃つための小さな窓が開けてある。

高台の一部が公園になっており、その最上部にある展望台からは、普天間飛行場が見渡せる。そのため、マスメディアが撮影に使ったり、政治家が視察に訪れたりする、沖縄でも有数の〝名所〟である。展望台には、基地に配備されている航空機の説明などもついており、基地を意識

焦土と化した嘉数高地　一九四五年(沖縄県公文書館所蔵)

したつくりになっている。ただし、説明は古いままで、まだ「オスプレイ」の説明はなかった。

オスプレイとは猛禽類のタカの仲間であるミサゴのことで、一九八〇年代に開発が始まった新型輸送機V－22につけられた愛称である。使用する軍によって仕様が少しずつ異なっており、海兵隊のものがMV－22、空軍用がCV－22となっている。普天間には、MV－22が二〇一二年一〇月に一二機、翌一三年八月にさらに一二機が配備された。ところで、一二機というのは、一つの飛行隊に配備される数であり、これを単位として運用される。オスプレイが配備される以前はCH－46「シーナイト」という中型輸送ヘリコプターがやはり二四機配備されていたが、老朽化して退役することになり、オスプレイにおきかえられた。

普天間で暮らし始めて最初にしたことは、基地のフェンスに沿って歩くことであった。基地は全体が高さ三メートルほどの金網で囲まれているが、その外側は一メートルほど草が刈ってあり、ちょうど人が一人歩くことができる。ところどころ通りづらい場所もあるのだが、とりあえず歩いてみることにした。

まずは佐真下ゲートに行ってみた。普天間飛行場の出入り口のひとつが、大学とアパートのほぼ中間地点にある佐真下ゲートである。入り口のフェンスには

「米国海兵隊施設」の看板があり「無断で立入ることはできません違反者は日本の法律に従って罰せられる」と日本語と英語で書いてある。

ゲートからフェンスに沿って歩いてみると、その内外に墓がたくさんある。沖縄では墓をあちらこちらに見かけるが、普天間基地の南側から西側にかけて、フェンスの周囲に多くの墓がある。基地のなかにも亀甲墓という大きな墓がいくつもある。戦時中はアメリカ軍の爆撃から逃れるために防空壕に入ったが、こうした墓も避難壕の役割を果たした。家族そろって墓のなかに隠れることもまれではなかったという。それほどの大きさである。

仏教が本土のようには根づかなかった沖縄では、寺の檀家制度もない。だからといって宗教的な意識が希薄というわけではない。祖先崇拝が沖縄では宗教にあたる。となれば、祖先の眠る墓を大切にするのは当然のことだ。先に触れた大城立裕の小説「普天間よ」にも、基地のなかに墓参りに行くという話が出てくる。ちなみに、地元紙を発行する琉球新報社の調査によれば、「伝統的な祖先崇拝」を「とても大切」「まあ大切」と思う人の割合は、若い人ではいくぶん低いとは

沖縄の亀甲墓（かーみなくーばか）（『FUTENMA 360°』より）。

いえ、世代を問わず九割にのぼっている（『沖縄県民意識調査報告書』二〇〇二、〇七、一二年）。

基地のまわりを散歩して見つけたものは墓だけではない。基地のすぐそばに建っているマンションの壁には「普天間基地見物のための立ち入りを禁ずる」との看板があった。基地がよく見える場所を探して立ち入った人が多いことを示している。また、「沖縄防衛局　住宅防音工事現場」という小さな看板が掲げてある家を見かけることがある。「防衛施設周辺の生活環境の整備等に関する法律」（基地周辺整備法）に基づいて行われている基地の騒音対策の一環なのだが、いろいろと条件がついており、すべての部屋に防音工事をしてくれるわけではない。地元の自治会役員から聞いたところによると、家族の数により一室しか工事をしないところもあるうえ、工事は指定されている区域内に一九八三年以前から住んでいる人に限られている。それよりあとに越してきた人は、騒音を承知のうえで移り住んだということで、防音工事の対象にはなっていない。

神奈川県藤沢市に住んでいるわたしの知人の家は、米軍機の航路の真下にあり、こうした工事の助成対象となっている。その家でも防音工事をしたのだが、ほとんど何の効果もなかった。そして、工事のあともその効果を確かめに来ることもなかったそうである。お役所仕事の最たるものだ。

あるとき、基地周辺を散歩していたら、宜野湾公民館の前に出た。宜野湾市のなかに宜野湾という区域（字）があり、その地域の自治会の公民館である。公民館の前には「昭和拾九年当時の字宜野湾地形図」が展示してある。松並木を中心として家々が立ち並び、それぞれの家が屋号で示してある。今は基地となっているところにこうした集落がかつてはあったのだ。役場や郵便局、学校などもあり、このあたりが戦前の宜野湾村の中心地であったことがわかる。

収容所から戻ることが許されたあと、アメリカ軍に接収された土地に住んでいた人たちは、しかたなく基地の周囲で暮らし始めた。そして、それぞれの字ごとに郷友会を組織した。基地の北側にある新城《あらぐすく》の集落の戦前の様子は、ジオラマにして市の博物館に展示してあった。

基地・普天間

普天間の航空機

普天間飛行場はヘリコプターを中心とした海兵隊の航空部隊が使っている。また、くわしくは次章で述べるが、話題のオスプレイのほか、輸送機など固定翼機（普通の飛行機）も配備されている。航空機の種類によって騒音や振動にはかなり大きなちがいがある。ヘリコプターと固定翼機のちがいのほか、固定翼機でもジェット機とプロペラ機では騒音はまさにケタちがいである。

配備をめぐって激しい反対運動が起こったオスプレイは垂直離着陸（ティルト・ローター）機といって、ヘリコプターのようにも飛べるし、ローター（プロペラ）の向きを変えて固定翼機のようにも飛べる。ただし、ローターが長すぎて、固定翼機のような滑走による離着陸はできないために垂直離着陸機と呼ばれている。つまり、ヘリコプターのように離着陸を行い、空中でローターの角度を次第に変えて固定翼機のように飛行する。実際に離陸のようすを見ると、まったく滑走せずにヘリコプターのように垂直に離陸することもあるが、ローターを少し斜めにかたむけて数秒ないし一〇秒ほど滑走してから離陸することもある。

固定翼機とヘリコプターを組み合わせるという発想自体は、かなり以前からあったもので、半世紀も前から航空機メーカーは開発に取り組んできたが、なかなか実用にはいたらなかった。実用化されたのはオスプレイが初めてで、日本では普天間にしか配備されていない。

普天間の滑走路は南西から北東の方向に延びているが、航空機は通常、風上に向かって離陸する。航空母艦は、航空機が発艦する際にはその方向に艦首を向けるが、陸上基地である普天間では、かわりに風向きにあわせて離着陸の方向を決める。滑走路のそばの吹き流しを見ていると、わたしがいた半年あまりのあいだ、風はたいてい北から南に向かって吹いていた。そのため、南から北に向かって離陸し、着陸するときも南方向から進入してくることが多かった。つまり、アパートにいるときは、わたしの目の前を通って着陸した。地元の人に聞いてみると、おおむね日本の年度でいう上半期と下半期で風の向きが変わり、それにあわせて離着陸の方向も決まるようであった。もちろん、日によって風向きが反対のこともあり、そういう日は南に向かって滑走・離陸した。

事件としてのヘリ墜落

わたしが世話になった沖国大といえば、二〇〇四年八月に普天間基地所属のヘリコプターがキャンパス内に墜落したことで注目を浴びたことがある。そのときは海外にいたために当時のことをよく知らないわたしは、大学図書館内にある「米軍ヘリ墜落事件関係資料室」に行ってみた。この資料室の名称からもわかるように、大学の認識としては、あれは事故ではなく事件である。

二〇〇四年八月一三日午後二時すぎ、大型輸送ヘリコプターCH－53が大学の

日々目の前を飛んでいたオスプレイ（筆者撮影）

本館ビルに激突し、炎上した。「火柱が一〇〇メートルほど上がった」（沖国大学長）、「ヘリが落ちた瞬間、あぶないと思い、子どもを抱きかかえて外に出た。もうだめかと思った」（現場向かいの主婦）というこの墜落事故では、三人の乗務員が重軽傷を負ったものの、それ以外には死傷者は出なかった。これは奇跡に近いことである。なぜならば、夏休み中とはいえ、大学には集中講義などで来ていた多数の学生や教職員がいた。大学の周辺には住宅のほか、病院や保育所、商店、さらにはガソリンスタンドなどが立ち並んでいる。

墜落の直前には住宅密集地に大小の各種部品が落下しているし、墜落時にはヘリのローターが住宅地にまで飛んでいったうえに、建物のコンクリートの破片は、近くの住宅の窓を破って室内に飛びこんだ。それほどすさまじい墜落だった。

爆発炎上で非常階段は溶け落ちた。地面には破壊された機体の一部が見える（写真提供：沖縄国際大学）

墜落の原因は整備不良である。当時、アメリカはイラク戦争のさなかにあり、普天間のヘリもそれにかり出されて大忙しであった。そんななかで過重な勤務によって整備に落ち度があり、姿勢を制御するためにヘリの後部についている小さいローター（テール・ローター）がコントロールできない状態となって墜落した。

ヘリが激突した大学本館では多くの職員がいつも通り仕事をしていた。そのひとりに話を聞いてみた。本館一階で仕事をしていたその職員は、ヘリが近づく音には特に気づかなかったという。いきなり地震のような揺れを感じ、ドーンと何かがぶつかったように感じると同時に、ヘリの機体の一部が窓ガラスを破って爆風とともに飛びこんできた。そこはいつもなら別の職員が仕事をしている席だが、その日はたまたま出張で不在だったために、難を逃れることができた。いつものように仕事をしていたら、命にかかわるけがを負った可能性が高い。まさに幸運以外のなにものでもない。パイロットの腕がよかったから死傷者が出なかったなどと、当時の町村信孝・外務大臣はなんとも無責任で的外れな発言をしたが、外相という立場にもかかわらず、アメリカ軍の肩を持ち、まるで他人事のような言い方をするところに、日本政府の姿勢がよくあらわれている。

墜落後、学生や職員は建物から外へ避難した。まもなく二、三十人のアメリカ兵がやってきて黄色のテープで現場を封鎖した。事件を知った記者やカメラマンもかけつけたが、兵士たちは撮影の妨害をしたばかりか、現場を撮影したカメラを取り上げようとして記者らともみあいになった。その場に居合わせて写真を撮っていた学生のカメラまでも奪おうと、兵士が追いかけまわした。機体だけでなく、周辺の土までアメリカ軍は許可なく持ち去った。

沖国大は、大学関係者だけでなく、警察さえも立ち入ることができない状態に置かれた。本来であれば、警察と消防による現場検証が行われなければならない墜落現場は、アメリカ軍によって完全に占領された。

だからこれは事件なのである。

〝神話〟のなかの沖縄

沖縄の基地問題について、本土にいてはわからないことが少なからずある。沖縄のことがうまく伝わっていなかったり、誤解が生じたりと、沖縄と本土のあいだには、地理的なだけでない距離がある。そうした距離を縮め、誤解を解かなければ、問題が解決に向かうことはないだろう。では、普天間問題を解決するために、何を知らなければならないか、そして、何をしなければならないか。それを考えるために、わたしは普天間で暮らしてみた。

普天間をはじめとする沖縄の基地問題を考えるうえで、解くべき問題をわたしなりに整理してみると、次の四つになる。まちがった知識やかたよった印象で語られることの多い沖縄の基地問題に関する〝神話〟なのかもしれない。〝神話〟ならば事実と論理によって、その呪縛を解いて実話におきかえる必要がある。そこから解決への道が始まる。

①何もないところに基地をつくったら、カネを目当てにまわりに人が集まってきた。
②海兵隊の沖縄駐留は、日本の防衛のために、また抑止力としても、不可欠である。
③沖縄の経済は、基地に依存している。
④沖縄の人びとは本音では、基地の撤去よりも経済の発展を求めている。

①は歴史的事実の問題であって、検証するのは容易である。すでに解答を半分示したようなものだ。②については一〇年あまり前にいささかの研究をし、わたしなりの答えを出している。アフガニスタン戦争やイラク戦争といったその後のできごとをあわせてあらためて検討してみても、わたしの見解は変わらない。海兵隊は日本の防衛のために沖縄に駐留しているのではなく、抑止力として機能しているともいえない。③の経済の問題は私の専門ではないが、専門家の見解はお

おおむね一致している。

最もむずかしいのは④である。これは政治的な意見の表明であると同時に、人びとの意志の問題でもあるからだ。しかも経済との関係は一筋縄ではいかない。しばしば「民意」が論じられるが、そもそも民意とは何だろうか。何であらわされるものであり、何をもって測ることができるのか。目の前に並べられた選択肢のなかからひとつを選ぶのと、それを実現するために行動するのとでは、大きなちがいもある。

沖縄に発つ前のこと、しばらく普天間で暮らすと伝えると、かつての教え子がこう言った。「どうして普天間第二小学校はあんなところにあるんですか。なぜ、あのように危険なところに小学校をつくったのか、移転させないのか。これをぜひ調べてきてください」。

この小学校は、普天間問題を象徴するものとして、メディアにしばしば取り上げられる。ついでといってはなんだが、この問いにも答えなければならない。

沖縄の基地問題に関しては、特に本土の国民のあいだに多くの誤解や疑問がある。それらをひとつずつ解くことなしには、解決への道は始まらない。

2——普天間問題とは何か

普天間飛行場

基地の概要

宜野湾市の中央に陣取っている普天間基地、正確にはアメリカ海兵隊普天間飛行場（U.S. Marine Corps Air Station, Futenma）は、海兵隊第三海兵遠征軍第一海兵航空団第三六海兵航空群のホームベースとなっている。同航空群の司令部は隣接する北中城村《きたなかぐすくそん》のキャンプ・フォスターにあり、山口県の岩国基地もこの部隊の基地となっている。

宜野湾市は那覇市から北へ一二キロメートルほどのところにある。市の面積は一九・七平方キロメートル、東西が約六・一キロ、南北が約五・三キロであり、沖縄でもさほど大きいほうではない。本土でいえば、東京都に隣接する千葉県浦安市（一七・三平方キロ）よりもやや大きい程度である。浦安市は千葉県の市のなかでは最も狭い。前章で紹介した『FUTENMA 360°』では、この「ドーナツタウン」宜野湾を皇居を抱える千代田区にたとえていたが、その千代田区は約一一・六平方キロと浦安市よりさらに小さい。同じ東京都の特別区でも世田谷区は約五八平方キロと宜野湾市の三倍近い広さである。ついでにいえば、「平成の大合併」と呼ばれる市町村合併の結果でもあるが、岐阜県高山市をはじめ、静岡市や浜松市、釧路市、福島県いわき市など、沖縄本島よりも面積の大きい市が本土には一三もある。

宜野湾市は現在、約九万五〇〇〇人の人口を抱えている。市制が敷かれた一九六二年の人口は約三万人だったから、五〇年で三倍になっている。とりわけ近年では、那覇市の外延的な拡大に伴い、急速に市街化が進んでいる。基地の部分を除いて計算すると、宜野湾市の人口密度は七

宜野湾市の中心を占める普天間基地（写真提供：琉球新報社）

一〇〇人を超えるが、これは東京都や大阪府を上回る。政令指定都市と比べてみると、名古屋市や堺市、さいたま市よりも高い。ほぼ同じ人口密度になるのは、東京のベッドタウンである千葉県船橋市である。

基地の西側を国道五八号線、東側を同三三〇号線がいずれも南西から北東方向に平行して走っている。宜野湾は那覇のベッドタウンであるとともに、交通の要衝でもある。

普天間飛行場の面積は約四・八平方キロメートルであり、東京ドームの建築面積と比較して約一〇〇個分の広さになる（東京ディズニーランドの約九・四倍、大阪城公園の約四・六倍といったほうが広さを実感できるだろうか）。宜野湾市の面積の約二四・四パーセントを占めており、そのうちの約九二パーセントが民有地である。現在、地権者（地主）の数は三四〇〇人ほどになる。日本本土の米軍基地の大半が国有地であるのと対照的であり、ここに沖縄の基地の特殊性があらわれている。

普天間から北へ五キロほど行くと、アメリカ空軍の嘉手納《かでな》飛行場（Kadena Airfield）がある。三七〇〇メートルの滑走路を二本持ち、成田空港の約二倍の広さを誇るこの基地は極東最大の空軍基地であり、嘉手納町の面積の約八八パーセントを占めている。こうなると、もはや基地が嘉手納町そのものといってもいい。わずかに残された土地に町民がひしめきあって暮らしている。嘉手納町の人口密度（基地部分を除く）は七六〇〇人となり、これを政令指定都市のなかに置くと、名古屋市を抜き、横浜市に次ぐ全国四位に相当する。

さて、普天間飛行場であるが、二八〇〇メートルの滑走路を中心として、さまざまな施設が敷地内にある。管理事務所や管制塔、格納庫は当然として、貨物ターミナル、兵舎、食堂、売店、診療所、消防施設、体育館にグラウンド、さらには教会や映画館なども備えている。日常的に基地への出入り口となっているゲートは大山、野嵩、佐真下の三カ所にあり、それぞれ基地の北、西、南に位置している。

後にくわしく述べるが、この飛行場は一九四五年の三月から始まった沖縄戦の最中に、日本本土を爆撃する拠点とすべく、アメリカ陸軍が建設したのがその始まりである。その後、朝鮮戦争中に管轄が陸軍から空軍に移ったのち、一九六〇年から海兵隊が使用するようになった。[1] 以来、現在まで日夜、航空機の飛行訓練などが行われている。周辺に居住する人口が増え、他方で基地での飛行訓練が頻繁に行われるようになるにつれ、その危険性が認識されるようになり、「世界一危険な飛行場」と呼ばれることもある。[2]

二〇一四年三月現在、普天間飛行場に配備されている主な航空機は下の表の通りである。[3]

1　宜野湾市編『宜野湾市と基地』（一九八四年）一八三―一八四ページ。

2　普天間飛行場が危険であることは、暮らしてみて実感できた。しかし、神奈川県の厚木飛行場（米海軍と海上自衛隊の共用基地）も普天間に劣らず危険で、かつ騒音等の被害も深刻である。栗田尚弥編著『米軍基地と神奈川』。

3　沖縄県知事公室基地対策課編『沖縄の米軍基地』（二〇一三年）を参照のうえ、ＣＨ-46の退役とオスプレイの追加配備により修正を加えた。

これに加えて、二〇一二年からMV－22B「オスプレイ」二四機が、それまでのCH－46中型輸送ヘリ「シーナイト」と交代するかたちで配備された。これを垂直離着陸機としてヘリとは別に分類すれば、常駐機は固定翼機が一九機、ヘリが一三機、垂直離着陸機二四機の合計五六機となる（その後、KC－130は二〇一四年八月までにすべて山口県岩国基地への移駐が完了した）。

先に述べたように、普天間は第三海兵遠征軍第一海兵航空団第三六海兵航空群の基地である。所属する米軍人・軍属は約三二〇〇人であり、ここで働く日本人従業員は一九五人である（二〇一二年三月現在）。あわせて三四〇〇人を人口密度として計算すると約七〇八人となり、同市の基地外の人口密度の一〇分の一にすぎない。このような基地は、宜野湾市にとって次のようなものとなっている。[4]

> 普天間飛行場は宜野湾市の中心部に位置しているため、いびつな都市形成をせざるを得ず、様々な弊害が発生しております。
>
> その一つとして、市の交通網が基地により東西に遮断されているため、災害時の避難路が十分に確保出来ないことや、慢性的な交通渋滞、その他、通常宜野湾市の規模であれば一つで足りる消防署が、当市においては三つも配置しなければならず、それにより経済面や財政的にも大きな負担となってお

普天間飛行場に配備されている航空機

固定翼機		
KC－130	空中給油兼輸送機「ハーキュリーズ」	15機
C－12	作戦支援機「スーパーキングエア」	1機
UC－35	作戦支援機「セーバーライナー」	3機
ヘリコプター		
CH－53E	大型輸送ヘリコプター「シースタリオン」	5機
AH－1W	軽攻撃ヘリコプター「シーコブラ」	5機
UH－1Y	指揮連絡ヘリコプター「ヒューイ」	3機

4　宜野湾市基地政策部基地渉外課発行「普天間飛行場の危険性」（二〇一三年三月）。

ります。

普天間飛行場のほかに、隣接する北谷町から北中城村、沖縄市にかけて広がるキャンプ瑞慶覧《ずけらん》という名の海兵隊基地の一部が宜野湾市にかかっている。その面積が約一・六平方キロメートルあり、両基地をあわせると宜野湾市の面積の三二パーセント以上が米軍基地に占められている。

周辺の環境と被害

普天間飛行場の周辺には、さまざまな公共施設、幼児保育施設などが一二〇あまりもあり、米軍機は日常的にそうした施設の上空を飛行している。一九七二年五月一五日に沖縄の施政権はアメリカから日本に返還されたが、それから四〇年のあいだに、普天間所属機による事故は九〇回以上起きており（年平均二・二回）、すでに述べたように二〇〇四年には沖国大に大型輸送ヘリが墜落している。安全基準や運用に関する日米両政府間の合意があるものの、「現状では守られているとは言い難い」（宜野湾市）のが実情である。

基地の騒音に関して、日米両政府は「普天間飛行場における航空機騒音規制措置」（一九九六年三月）に合意しているが、これによれば、午後一〇時から午前六時のあいだ、「飛行及び地上での活動は、米国の運用上の所要のために必要と考えられるものに制限される」となっている。しかし、宜野湾市の調査によれば、この規定に反する飛行や騒音が数多く報告されており、米軍は規定に沿った飛行制限をしていない実態が明らかになっている。

基地の南に位置する上大謝名《うえおおじゃな》地区では、航空機騒音が年間約二万回発生している。騒音の激しい地域の一部に対して行われる「防衛施設周辺の生活環境の整備等に関する法律」（周辺整備法）に基づく住宅防音工事は、一般に「うるささ指数」と呼ばれるＷＥＣＰＮＬ（加重等価継続感覚騒音基準）で示される数値（Ｗ値）が七五を超える地域が対象となる。宜野湾市では約一万世帯が該当するとされているが、そうした工事の助成区域外においても、基準を超える騒音が実際には測定されている。政府の助成は一九八〇年代初めの調査に基づいたままで、今日の実態を反映していないからである。宜野湾市は、防音工事の助成区域の拡大や同工事助成の適用築年月日の規制を撤廃するよう求めてきたが、国は対応していない。

沖国大への墜落と並んで、普天間の危険性をあらためて認識させることになったのが二〇〇七年に宜野湾市が入手した「海兵隊航空基地普天間飛行場マスタープラン」である。これによって、アメリカ国内における海兵隊航空施設の安全基準が明らかになった。基地には「航空施設安全クリアランス」（クリアゾーン）が設定されており、滑走路の端から先の土地は利用が制限されている。滑走路から先の九〇〇メートル（幅は四五〇〜六九〇メートル）は利用が禁止されており、「障害物を排除し発着の際の安全を確保するためのエリア」となっている。つまり、アメリカの基準に従えば、この範囲内には、居住することはおろか、建造物などを建てたりしてはならないのである。もちろん安全を確保するためである。普天間の場合、その区域内には普天間第二小学校をはじめ、病院や保育所、公民館などの公共施設があり、約八〇〇棟の住宅に三六〇〇人が暮らしている。アメリカの基準をあてはめれば、普天間基地は飛行場としては使用できないが、さらに、日本の航空法にさえ反する建造物も周辺にある。[5]

テレビの地上デジタル放送の受信障害も基地周辺のほぼ全域で起きているが、国の対策は北部の一部区域にとどまっており、宜野湾市は「引き続き、政府に対し市内全域で受信障害対策が行えるよう働きかけて」いくとしている。

騒音被害に対して、市は夜間・休日の騒音苦情窓口を設置し、留守番電話で二十四時間苦情を受け付けている。航空機が夜中に飛来することもあり、こうした対応が必要なのだろう。市によればこの「基地被害一一〇番」に寄せられる苦情は「年々深刻化しており、墜落事故後に至っては、精神的に圧迫され、恐怖を訴

5　宜野湾市編『宜野湾市と基地』（二〇〇九年）。

えるものになって」いるということである。

このような基地に、安全性に対する疑問が払拭されないオスプレイが配備された。普天間への配備の直前にも何度か事故を起こしたことで、沖縄では不安と不満が一気に高まった。二〇一〇年四月にはアフガニスタンで空軍のオスプレイが墜落し、四人が死亡した。二年後にはモロッコで演習中に海兵隊のオスプレイが墜落し、二人が死亡、二人が重傷を負っている。沖縄で高まる不安に対し、日本政府は急遽、調査団をアメリカに派遣し、安全性を確認できたとする宣言を行った。また、日米両国でオスプレイの飛行に関する合意を発表した。その主な内容は次のとおりである。

- 低空飛行訓練については、最低安全高度（地上五〇〇フィート）以上の高度で飛行し、人口密集地等の上空を回避する。
- 飛行経路について、可能な限り学校や病院を含む人口密集地域上空を避けるよう設定し、可能な限り海上を飛行する。
- 運用上必要となる場合を除き、垂直離着陸でのモード飛行を米軍の施設・区域内に限り、転換モードの時間を可能な限り短くする。
- 提供される騒音規制措置に関する合同委員会合意事項をＭＶ－22の運用にお

いても引き続き遵守する。
・夜間訓練飛行は、必要最低限に制限し、シミュレーターの使用等により、普天間飛行場周辺住民への影響を最小限にする。

この合意にくりかえし出てくるのが「必要最小限」「運用上必要な場合を除き」といった文言である。早い話が米軍の運用を最優先とするということである。合意はしたものの実効性は期待できないという疑念は当初からあったが、それはすぐに現実のものとなった。この合意事項に反する飛行は、配備から二カ月の間に三一八件も報告されている。

日常的に生じている市民生活への最大の被害は騒音であるが、返還後のことを考えると、深刻な問題となりそうなのが、土壌汚染である。二〇〇九年三月、約七五〇リットルのジェット燃料が漏れるという事故がここで起こった。その半分ほどが土壌を汚染した。汚染土壌は掘削のうえ除去したため地下水を汚染することはないだろうと軍は発表したが、基地の土壌汚染はアメリカ本国でも大きな問題となっている。[6]

6　宮本憲一・川瀬光義編『沖縄論』一二九ページ。アメリカ本土でも軍の基地とその周辺では環境問題が生じているが、軍はこうした問題に必ずしも協力的とはいえず、各地で問題を生んでいる。鈴木滋「米国における基地環境汚染の浄化をめぐる諸問題」。

返還と移設

オスプレイが配備されて、基地としての機能は強化されているが、そもそも普天間飛行場は、一〇年前には日本に返還されているはずである。一九九六年に日米両政府は、「五年ないし七年以内に」返還することで合意した。

返還を発表したのは当時の橋本龍太郎首相とウォルター・モンデール駐日米国大使であった。橋本首相がビル・クリントン大統領に返還を直接訴えて実現を見たのだが、それは当時の大田昌秀沖縄県知事の要請を受けたものであった。

大田知事の基地問題への熱意は、不幸な事件によってかつてないほどに高まっていた。一九九五年九月、一二歳の少女が三人のアメリカ兵に無理やり車で連れていかれ、集団で性的暴行を受けるという事件が起きた。県民の怒りは大きく、翌月には、事件に抗議する集会が八万五〇〇〇人（主催者発表）を集めて開かれた。あいさつに立った大田知事は、少女の尊厳を守れなかったことを詫びた。

ここに来て事の重大さにようやく気づいた日本政府は、「沖縄に関する特別行動委員会」（SACO）を設置し、アメリカと対応を協議した。その結果、普天間のほか、一一の施設（基地）が返還されることになった。しかし、県内移設が条件となっているものが多く、沖縄の基地負担の軽減につながるかどうかには疑問も残った。普天間の場合も、橋本首相とモンデール大使の発表では「五年ないし七年以内に」返還されることになっており、SACOの中間報告でもそう明記されたが、一九九六年一二月の最終報告では返還は県内移設が条件とされたこともあり、大田知事をはじめ県民の反発を招いた。

移設先はまもなく名護市の辺野古に決まったが、その後、国と県、名護市の三者の考え方の違いにそれぞれの責任者（大臣、知事、市長）の交代も加わり、迷走を重ねた。これに地元をはじめとする強い反対運動もあって、建設計画は何度も練り直され、建設は一向に進まなかった。

やがて米軍再編（トランス・フォーメーション）という大きな動きのなかに普天間問題も位置づけられるようになった。在日米軍の変革・再編をめぐる日米両政府の協議の最終段階になって、辺野古の沿岸を埋めたてて「V」字形になるような二本の滑走路を持つ基地を建設することとなったのが、二〇〇六年五月に日米安全保障協議委員会で合意した「再編実施のための日米のロードマップ」である。これによれば代替施設の完成目標は二〇一四年とされ、八〇〇〇人の海兵隊員とその家族九〇〇〇人が米領グアムに移転することになった。

その後さらに曲折を経て二〇一三年四月に発表された「沖縄における在日米軍施設・区域に関する統合計画」では、普天間の返還は「二〇二二年度、又はその後」となっている。辺野古に建設する施設の完成後ということである。後で述べるが、二〇一三年一二月に仲井眞弘多《なかいまひろかず》知事が辺野古沿岸の埋め立てを承認し、翌一四年八月から建設に向けたボーリング調査が始まった。

爆音訴訟

「静かな日々を返せ」

米軍基地（飛行場）の騒音をめぐる訴訟は、沖縄では嘉手納基地、本土でも神奈川県の厚木基地、東京都の横田基地などで起こされているが、普天間でも訴訟が提起されている。▼7

騒音に悩まされてきた基地周辺の住民らは「普天間米軍基地から爆音をなくす訴訟団」（島田善次団長）を組織し、訴訟を起こした。米軍機の爆音を対象とする厚木や嘉手納などの訴訟は、主にジェット戦闘機の引き起こす文字どおりの爆音に悩まされている住民によるものだが、戦闘機が配備されていない普天間の場合は、騒音はヘリコプターが中心である。

7　普天間米軍基地から爆音をなくす訴訟団『静かな日々を返せ』第一〜三集。

そもそもは宜野湾市に移り住んだ島田善次氏が基地の騒音に耐えかねて「普天間飛行場撤去及び爆音を追放する宜野湾市民の会」を一九八〇年に結成したことから始まった。一九九九年一〇月には数十回におよぶ準備会を経て「基地はいらない平和を求める宜野湾市民の会」が結成されて、一年後には訴訟の準備に取りかかった。二〇〇一年五月に訴訟発起人会が開かれ、本格的に準備に入り、島田氏を団長とする訴訟団が二〇〇二年七月に結成された。原告に加わるのは、政府が指定する「うるささ指数」（WECPNL＝W値）七五以上の地域に住む住民に限ることとした。この地域は政府が騒音を認めているということである。二〇〇二年一〇月に二〇〇人の原告が訴えを起こし、翌二〇〇三年四月には、さらに二〇四人の原告によって第二次提訴が続いた。

訴えの要旨は、次の四点である。

一、国は米国をして夜間（午後七時から翌朝七時）の飛行を停止させ、夜間五五ホン、昼間六五ホンを超える騒音を発生させない。
二、国は基地から発生する騒音を毎日、測定・記録せよ。
三、国とルーキング普天間基地司令官は原告に各一一五万円を支払え。
四、国とルーキングは原告に結審から向こう一年間、毎月三万五〇〇〇円を支払え。

裁判長は普天間航空基地司令官リチャード・ルーキング大佐に対する訴えを切り離し、翌二〇〇四年九月にルーキング司令官に対する訴えは棄却された。司令官は訴状も呼び出し状も受け取らなかった。被告どころか代理人さえ出廷しないままに裁判は行われ、それにもかかわらず、原告が敗訴した。

爆音裁判は提訴から五年にわたり、二〇〇八年一月に最終陳述が行われて結審し、同年六月に判決が言い渡された。過去の被害については損害賠償を認めたが、飛行の差し止めや測定などは却下された。島田団長は、「賠償金が認められたことは評価する」ものの、差し止めが認められなかったことと「あのような爆音被害をもたらした被害が一日たったの一〇〇円とは馬鹿にするにも程がある」ことから福岡高裁に控訴した。一日一〇〇円とは、W値七五の地域に住む原告に裁判所が認めた額である。また、W値八〇の地域では二〇〇円となっている。

二〇一〇年七月に福岡高裁那覇支部で判決言い渡しがあり、やはり飛行差し止めは認められなかったものの、損害賠償はこちらでも認められ、その額も倍増した。島田団長は「不満であったが、この判決を受け入れることにした」。加藤裕・弁護団事務局長は「従来の基地騒音訴訟と同様で、目新しくない」が、「普天間基地の『欠陥』に正面から向き合うとともに、これに対する政府の無策を厳しく批判する内容」となっている点を評価した。原告側は控訴審判決が「航空機騒音のこれまでの評価基準であったうるささ指数（W値）では評価できない被害があることを認定した」ことや、「航空機墜落などの事故の恐怖を現実に即して正面からとらえた」点を評価した。判決では、建物等があってはならないクリアゾーン内に「学校、病院その他、本来建築されるべきでない施設が存在する」、「そのため、普天間飛行場は『世界一危険な飛行場』と称されている」と述べている。また、夜間と早朝（午後一〇時から午前六時）の飛行禁止は、一九九六年の日米合同委員会で合意された「航空機騒音規制措置」（騒音防止協定）で定められているにもかかわらず守られていないことも控訴審判決は指摘し、協定の履行状況を確かめようとしない国の対応を批判した。過去の損害賠償については、W値八〇の地域で日額四〇〇円、同七五で日額二〇〇円と認定し、一審をはじめ過去の水準を超えた。

原告団は、二審でも認められなかった午後七時から午前七時までのあいだの飛行差し止めと騒音測定などを求めて上告したが、二〇一一年一〇月に棄却され、訴訟（第一次）は終結した。

「危険への接近」の法理

軍事基地や空港の周辺での騒音問題などの裁判の際にしばしば用いられる理論に「危険への接近」の法理がある。「危険」を知っていたり、不注意などにより知らなかった場合には、損害賠償や差し止め請求を認めないというもので、被害を受けた者がこの法理によって不利な扱いを受けることもある。普天間訴訟でも国側はこの法理を持ち出したが、控訴審判決は次のように否定した。

本土復帰後に転居してきた原告らは、航空機騒音による被害を認識していたともいいうるが、沖縄本島中南部では、普天間飛行場の騒音の影響を受けずに居住できる地域が限られていること、地縁・血縁ないし生活・職業上の理由からやむを得ず転居したもので、特段非難されるべき事情は認められないことなどから、原告側に落ち度があるとは認めず、反対に、国は騒音被害についての司法判断が下されているにもかかわらず対策を講じて違法状態を解消していないうえ、自らが定めた環境基準値も達成していない点を指摘して、危険への接近の法理による免責や損害賠償額の減額を斥けた。

第二次訴訟

二〇一二年三月、宜野湾市だけでなく、隣接する浦添《うらそえ》市と北中城村の住民も含む三一二九人の原告が、国を相手取って第二次普天間爆音訴訟を那覇地裁沖縄支部に提起した。同年一二月には二八八人が加わって原告は三四一七人となった。第一次訴訟の実に八倍である。

この第二次訴訟はやはり損害賠償と差し止めを求めるものであるが、弁護団事務局長の加藤裕弁護士によれば、争点は次の三点である。[8]

一、「第三者行為論[9]」を克服して、国に差し止めの義務を認めさせる。裁判所はこれまで差し止めを拒否してきたが、日本政府が米軍に基地を提供しているのだから、提供のあり方を見直すこともできるだろうし、騒音を軽減する方法もあるはずである。

二、爆音の放置は憲法違反と宣言させる。騒音を放置している状態は、人格権や平和的生存権などを侵害する憲法違反であることの確認を求める違憲確認を請求した。

三、被害の補償を拡大する。国は被害を過小に見積もっているが、ヘリコプ

8　普天間米軍基地から爆音をなくす訴訟団『静かな日々を返せ』第四集。

9　外国政府である米軍を訴えることはできない、日本政府には米軍の飛行を差し止める権限はないというもので、厚木や嘉手納など他の米軍基地の騒音をめぐる訴訟でも適用されてきた理論をいう。

ターによる低周波被害やオスプレイ配備による被害の増大など、被害の実態を訴えて損害賠償の増額、判決後の将来分の支払い命令を獲得する。

飛行の差し止めは、具体的には、午後七時から午前七時までのあいだは、四〇デシベルを超える騒音を出させない、午前七時から午後七時までのあいだは、六〇デシベルを超える騒音を出させない、というものである。「第三者行為論」については、国は主権に基づいて、違法な侵害行為を是正できる立場にありながら、米軍の違法な基地使用を放置していると主張している。

沖縄の米軍基地

米軍基地の概要

沖縄県ではほぼ五年ごとに『沖縄の米軍基地』という報告書を出している。また『沖縄の米軍及び自衛隊基地（統計資料集）』は毎年、発行されている。これらに基づいて沖縄の米軍基地を概観しておく。[10]

10　沖縄県知事公室基地対策課編『沖縄の米軍基地』（二〇一三年）、沖縄県知事公室基地対策課編『沖縄の米軍及び自衛隊基地（統計資料集）』（二〇一三年）。

二〇一二年三月現在、県内の四一市町村のうち二一の市町村に計二万三〇〇〇ヘクタールあまりにのぼる三三の米軍用の施設・区域があり、一般に米軍基地と呼んでいる。そのほとんどは米軍専用である。面積にして県土の一〇パーセント強、沖縄本島に限れば約一八パーセントを占めている。復帰から四〇年を経ても返還は進んでおらず、面積にしてわずかに一九パーセント減少したのみである。しかも、米軍の一時使用施設・区域も含めた全体で見ると、全国の二二・六パーセントが沖縄にあるが、米軍が常時使用できる専用施設に限ると、全国の七三・八パーセントが沖縄に集中しており、「他の都道府県に比べて過重な基地の負担を負わされている」のが沖縄の実情である。

日本全体に占める米軍基地は国土面積の〇・二七パーセントであり、静岡・山梨両県が一パーセントをわずかに超えているほかは、いずれも都道府県の面積の一パーセント以下であることから、沖縄の一〇パーセントがいかに異常な数字か理解できよう。この広大な米軍基地が生み出す経済効果（軍関係受取）は、沖縄県の県民総所得の約五パーセント程度であり、そこで働く日本人は、県の人口約一四〇万人のうちの約九〇〇〇人である。

普天間基地の広さについてはしばしば東京ドーム一〇〇個分と表現されるが、面積を比較すると、嘉手納基地はその四倍もの広さである。これは成田空港の約二倍にあたる。普天間の移設先とされている海兵隊基地のキャンプ・シュワブは、嘉手納よりも若干広い。人口二一万人あまりを抱える東京都港区とほぼ同等の広さである。

普天間を抱える宜野湾市の面積の三二パーセント強が米軍基地であること、嘉手納基地のある嘉手納町のそれが八割を超えることはすでに述べた通りだが、宜野湾市以上の割合を米軍基地が占めているのは嘉手納町のほかに、金武《きん》町、北谷《ちゃたん》町、宜野座村《ぎのざそん》、東村《ひがしそん》、読谷村《よみたんそん》、伊江村《いえそん》、沖縄市の七市町村にのぼっている。

沖縄の米軍基地の特徴として、民有地の多さがあげられる。普天間基地の九割強が民有地だが、県全体で見ても、民有地が三二・五パーセント、市町村有地が二九・四パーセント、県有地が三・五パーセントであり、国有地は全体の三分の一程度にすぎない。旧日本軍の基地を米軍が接収したものが多いが、嘉手納基地のようにその後に大幅に拡大したり、普天間のように集落や農地を接収したところが多いからである。

沖縄に配属されている軍人の数は、復帰の年、一九七二年の約三万九〇〇〇人を最高に、その後数年間は減少し、この一〇年あまりは二万一〇〇〇人から二万六〇〇〇人となっている。軍種別に見ると、海兵隊が全体の六割近くを占めている。このほかに、軍人ではないが軍に雇用されている軍属、および家族が沖縄に滞在している。その数は一万七〇〇〇人から二万四〇〇〇人ほどである。軍属や家族もあわせると米軍関係者は四万七〇〇〇人あまりとなり、その約半数が海兵隊である。

このように人数で見ると海兵隊は全体の約半数であるが、基地の面積で見ると、全体の七五パーセントあまりを海兵隊が占めている。北部に広大な演習場を持っていることからこのような数字になるが、復帰時の六一パーセントから七五パーセントにまで割合を上げている。嘉手納の弾薬庫地区は海兵隊と空軍の共用だが、実際にはほぼ八割を海兵隊が占めるといえるだろう。

「県の考え方」

二〇一三年の時点での「普天間問題に対する県の考え方」は次のようなものである。長くなるが、全文を引用しておく。[11]

普天間飛行場の危険性の除去は喫緊の問題であり、一日も早い移設・返還の実現が必要である。日米両政府は、普天間飛行場の返還合意後、その代替施設を名護市辺野古に移設することで協議を進めてきたが、平成二十一年九月に「最低でも県外」と訴えていた鳩山内閣が発足し、県外移設に対する県

11　沖縄県知事公室基地対策課編『沖縄の米軍基地』（二〇一三年）四九ページ。

民の期待を高めることとなった。

平成二十二年一月には辺野古移設に反対する名護市長が誕生し、同年二月には国外・県外移設を求める県議会の意見書の可決、四月には県外移設を求める県民大会が開催されるなど、県内の状況は大きく変化していった。

こうした中、同年五月の日米共同発表において、唐突に、名護市辺野古への移設が合意され、県民の期待は大きな失望に変わった。その後、政府から、「何故、辺野古に戻ったか」について、県民の納得のいく説明がなされておらず、地元名護市をはじめ、県内四十一市町村の全首長及び多くの県民が反対している状況から、辺野古移設案を実現することは事実上不可能となっている。

県としては、国内の他の地域への移設が、合理的かつ早期に課題を解決できる方策であると考えており、日米両政府に対し、普天間飛行場の県外移設及び早期返還の実現に向け、真摯に取り組むよう強く求めている。

また、現在の普天間飛行場については、移設するまでの間であれ、その危険性をそのまま放置することはできないことから、基地の提供責任者である政府において、抜本的な改善措置を早急に講じ、早期に危険性の除去及び騒音の軽減を図ることを、機会あるごとに政府に対し求めている。

ここに仲井眞県政の基本的な姿勢がよくあらわれている。と同時に、普天間の問題が移設に矮小化されてしまっている。

問題の核心——海兵隊

二〇〇九年に当時の鳩山由紀夫首相が普天間基地の移設先を「最低でも県外」にすると言ったとき、当然、国外への移転も選択肢のひとつであったはずである。しかし、国外への移転が容易ではないところから「県外」は沖縄以外の国内への移設ということになった。しかし、危険なだけで得るものの少ない基地を引き受ける知事などいるはずもなく、この試みはあえなく頓挫し、鳩山首相は退陣に追い込まれた。泰山鳴動して名護市辺野古への逆戻りであったため「県民の期待は大きな失望に変わった」のは当然のことであるが、それによっていよいよ県外への移設が問題の焦点であるかのようになってしまった。県は「日米両政府に対し、普天間飛行場の県外移設及び早期返還の実現」を求めるというが、仲井眞知事は二〇一三年一二月に政府の辺野古埋め立て申請を認めた。これは県が辺野古への基地建設を容認することである。政府は間髪を入れずすぐさま業者選定のための入札を行い、埋め立てにとりかかった。

先に引用したなかに「県としては、国内の他の地域への移設が、合理的かつ早期に課題を解決できる方策であると考えて」いるというくだりがあるが、なぜ、ここで「国内の他の地域」と限定しているのか。これは、国外への移設は求めないことを含意しており、その前提は、海兵隊の駐留を認めるということである。

そもそも海兵隊の駐留は必要なのか。それは日本の防衛のために必要なのか。極東地域の安定のために必要なのか。アメリカのアジア太平洋戦略に必要なのか。それとも、実は特に必要というわけではないのか。

この根本的な問いが抜けている。沖縄からもこうした問題提起ははなはだ弱い。一部の人たちが主張するように、尖閣諸島を守るために海兵隊が必要であり、オスプレイがそれに役立つなどということは、まったくない。アメリカが尖閣の問題に軍事力で介入する可能性はほとんどないだけでなく、万が一、そのような事態が生じるとしても、軍事的に見て、出動するのは海軍であって、海兵隊ではない。海軍に次いで空軍まで動員される事態にいたろうとも、海兵隊に出番はない。政治的な判断によって、海兵隊にも出番を用意するとしても、それは最後であろう。

尖閣諸島は上陸作戦を必要とするような場所ではないし、救出すべき人もいない。海兵隊は今や、湾岸戦争やイラク戦争で見せたように、大規模な戦争ではほとんど〝第二陸軍〟として陸上で戦っているが、そうでなければ、朝鮮半島などで想定されているように、非戦闘員の救出作戦（ＮＥＯ）にあたるものである。日本に駐留している部隊では、後者の活動がせいぜいである。それが沖縄海兵隊の実態である。

海兵隊の話になると、現実を無視して、古いイメージにとらわれたままで語る人が多いが、二〇〇〇年を超える歴史のなかで、上陸作戦は太平洋戦争に始まり、朝鮮戦争で終わっている。尖閣問題が大きくなったこととオスプレイの配備が時期的にたまたま重なったことで、ますます空想的な話に拍車がかかっているが、ここは冷静に現実を見なければならない。

米軍基地の七四パーセントが沖縄に集中しており、先に述べた通り、それは基地や演習場などのうち米軍専用となっている施設の面積で見た場合の話である。このほかに自衛隊と共同使用している施設もあり、それを計算に入れるとだいぶちがってくるが、それにしても沖縄が大きな負担を負っていることは確かである。日本の安全保障政策において日米安全保障条約は重要な柱となっており、条約に基づいて米軍は日本に駐留している。したがって米軍は日本の安全に貢献しているといえるが、すべての軍や部隊が等しく貢献しているといえるかどうかは別である。しかも、軍事的貢献は基地の面積に比例するわけではない。言い換えれば、大きな基地を持つ部隊が日本の安全や地域の安定にそのまま大きく貢献しているとは限らないということである。海軍の場合は施設の大半は港湾であり、面積にすれば小さい。反対に陸軍や海兵隊は広大な土地を必要とする。その負担と貢献はバランスが取れているのだろうか。

基地負担の大きい沖縄を見ると、米軍基地のうち、面積にして約七五パーセントは海兵隊である。つまり、嘉手納の騒音等の問題があるとはいえ、沖縄の基地問題とは、実のところ海兵隊問題と言い換えてもいいぐらいである。

海兵隊が沖縄に駐留している。問題の核心はここにある。

Ⅱ　暮らしと歴史から考える

3——基地と市民生活

暮らしのなかの普天間基地

騒音と振動

普天間で暮らすうえでまず気になったのは騒音である。何しろ、アパートは基地のすぐそばである。航空機の発着の多い昼間はたいてい大学に行っているとはいえ、部屋で過ごすこともあるし、朝夕も発着があると聞いている。もっとも、それを体験するためにわざわざ基地に近いところに部屋を借りたのだから、覚悟のうえではあったが。

わたしが滞在した九月から三月は、風向きの関係で滑走路の南側から北に向かって離陸するのが常であった。したがって滑走路のいちばん南、つまり、わたしの目の前から滑走を始めた。着陸の場合は南の嘉数方面から進入してくるようすがよく見えた。主な航空機の騒音について述べておこう。

まず、ほぼ毎朝のように、午前七時すぎにはUC－35という小型ジェット機が離陸する。小型とはいえ、ジェット機の離陸は大きな騒音を出す。耐えがたいというほどの大騒音というわけではないが、「朝っぱらから……」と不快であることはいうまでもない。

ジェット機に比べると、全体的にプロペラ機の騒音は小さい。四発のプロペラを持つ空中給油機のKC－130は、駐機場から滑走路に向かうとき、そして、離陸態勢に入りエンジンの回転数を上げると音も大きくなるが、滑走を始めるとまもなく静かになり、ほとんど気にならないほどになる。反対に着陸するときは、近づいてきたことはわかるが、騒音としてはさほど気にはならない程度であった。深夜・早朝でなければ、機体の大きさを考えると、KC－130の騒音はそれほどではない。ただし、街を歩いているときに着陸のために高度を下げて進入してくる際には、頭のすぐ上を通るように感じて、いささか落ち着かなくなる。このKC

－130は、山口県の海兵隊岩国基地に移転することが以前から決まっていたが、二〇一四年にようやく実施された。

ヘリコプターは攻撃用のＡＨ－1と大型輸送機のＣＨ－53、そして退役を間近に控えた中型輸送機のＣＨ－46が配備されていた。ＣＨ－46はタンデムローターといって前後に二つの大きなローターを持つヘリで、オスプレイと入れ替わりに、普天間では二〇一三年九月末日をもって姿を消した。ＣＨ－53より機体が小さいぶんエンジン音も小さかったが、それでも頭上を飛ぶときには、音というより振動が不快感をもよおした。

普天間で最も頻繁に飛んでいたのが、ＡＨ－1である。二人乗りの小型ヘリで、日本の陸上自衛隊も保有している。機関砲のほか対戦車ミサイルを搭載しており、ベトナム戦争や湾岸戦争などに投入された。なぜこれが不快かというと、小型であるためエンジンもそのぶん小さく、騒音そのものはそれほど大きくはないのだが、しばしば狭い範囲を旋回飛行する訓練をくりかえす。そのときには、五分と間をおかずに頭上近くを飛ぶ。しかも、二機が同時に旋回訓練を行うこともあるので、その場合はなおうるさい。ローターが回転するバタバタという音のほか、ヒュンヒュンという音も不快感を煽っている。

ヘリコプターは騒音もさることながら、むしろ振動のほうが不快である。「暮らしているうちに慣れると思いますよ」と言っていたのは、わたしの勤務先（流通経済大学）の学生である。そういうものかな、と思っていたのだが、そんなことはなかった。その学生は浦添市出身と聞いていたので、普天間の実態を知らないのか、それとも個人差なのかはわからないが、特にCH－53の振動が引き起こす不快感に慣れるということは最後までなかった。

やや専門的な話になるが、基地には「場周経路」というものが設定されていて、その経路に沿って飛行することになっている。普天間ではほぼ基地の上空に設定されているのだが、実際には、それを大きくはみ出して人口が密集している市街地上空を飛ぶことも多い。離着陸の際にもいつも定められた航路を通るとはかぎらない。アパートの真上を飛んだことも何度かあった。そのときのパイロットの気分次第なのかどうか知らないが、飛行の実態を見ると、ずいぶん適当だなあ、というのがにわか住民としての実感である。地元の自治体がこうした点について改善を求めても、米軍はおろか、日本側の窓口となる防衛省にそもそもやる気がないので、いつまでたっても改善されないというのが実情のようだ。

普天間所属の航空機以外にも、海軍の哨戒機P－3C「オライオン」がしばしば訓練のために普天間にやって来る。そのときはたいていタッチ・アンド・ゴーと呼ばれる訓練を行うが、これもやっかいだ。離陸して旋回したのち着陸態勢に入り、滑走路に着地したかと思うとすぐにまた離陸し、旋回してはまた同じことをくりかえす。これもヘリの訓練と同じく数分おきのくりかえしとなるので、その場合は、しばらくのあいだ不快な思いが続くことになる。

ときおりFA－18「ホーネット」などのジェット戦闘（攻撃）機が普天間にやって来ることがあるが、これがいちばんひどい。ジェット戦闘機の騒音たるやすさまじく、まさしく耳をつんざく轟音であり、耐えがたい。また、わたしが普天間で暮らした半年のあいだに一度だけ、米空軍の最新鋭戦闘機F－22「ラプター」が普天間に来たのを見た。アメリカ本土から嘉手納基地に来ていたのが、滑走路で何がしかのトラブルがあったらしく、臨時に普天間にやって来た。その轟音はFA－18にまさるとも劣らない。最新鋭機だからといって騒音対策などは何もしていない。軍用機はただひたすらその目的、すなわち戦闘するためだけに設計されているということだ。

これら普天間に所属していない航空機を「外来機」と呼んでいるが、一度だけ、巨大輸送機「アントノフ」を普天間で見た。旧ソ連で開発されたこの輸送機は、錯覚かとわが目をうたがったほどの大きさだった。民間機であるため白い塗装がなされており、その白さが大きさを一層際立たせていたのだろう。

宜野湾市ではこうした外来機の飛来禁止も米軍に求めている。

オスプレイ

問題のオスプレイはどうか。これも不快な振動をまき散らしている。配備前に日米政府間で取り決めた合意によれば、ヘリコプター・モードで市街地上空を飛ぶことはしないはずなのだが、普天間で暮らし始めてすぐに、この合意に反する飛行を目撃した。ほかの航空機と同じように、南（嘉数方面）からヘリモードで飛来し、基地に着陸した。その騒音と振動は、かなり不快である。耳よりもむしろ胸から腹のあたりにかけて圧力を感じる。半年のあいだにオスプレイの飛行を一〇〇回以上目撃したが、その大半は市街地上空をヘリモードないしヘリモードに近い角度の転換モードで飛んでいた。

オスプレイは一二機で一つの部隊（飛行隊）を構成しているが、普天間には二個の飛行隊、計二四機が配備された。垂直尾翼に「竜」の文字が描かれている部隊が二〇一二年一〇月に配備され、続いて翌一三年八月から虎の顔のイラストが尾翼に描かれた一二機が配備された。竜の部隊は基地の南側、つまり沖国大に近いところに駐機しており、虎のほうは反対の市役所に近い場所（北側）を駐機場所としている。

オスプレイは離陸の際にはさほど大きな音はあげないが、離陸態勢に入るま

岩国基地上空で試験飛行するオスプレイ。尾翼の「竜」の文字は普天間基地所属をあらわす（写真提供：共同通信社）

でがうるさい。駐機場から滑走路までの舗装された地面を強く打つ音と振動がまわりに響きわたる。機体の構造から来るのだが、ローターが巻き起こす風とエンジンの排気がともに下に向かうからだろう。かなり大きな騒音と振動をまきちらしながら滑走路に向かう。ところが、車輪が地面を離れると、とたんに音は小さくなる。

沖縄に来て一カ月が過ぎたころ、ちょうどオスプレイも追加配備の一二機を加えて二四機態勢になった。旧知の『沖縄タイムス』記者がやって来て、インタビューを受けた。話したことは次のような記事になった（『沖縄タイムス』二〇一三年一〇月二五日）。

「確かに市街地上空をヘリモードか、ほぼヘリモードで飛んでいる」ことを自分の目で確認している。普通のプロペラ機のような固定翼モードからローターの角度を変えてヘリモードに返還して着陸するのだが、基地のかなり手前から、ヘリモードか、あるいはほとんどヘリモードに見えるほど、エンジンは垂直に近い。ヘリモードに近いかたちで飛来すると、固定翼モードの数倍の騒音と振動に感じられるうえ、固定翼モードにくらべて速度が遅いため、その分、時間が長くなり、不快を感じる時間もそれだけ長くなる。そこで、「比較的長く固定翼モードで飛んで転換し、（周囲に住宅地の少ない）飛行場奥の少し手前で着陸すれば少なくとも（南側の）大謝名周辺では騒音は減る。米軍が本気で負担を減らそうと思うのであれば、住民がぎりぎり騒音を小さく感じる飛行ルートを政府や自治体と話し合い、設定すべきだ。今、それが十分にやられているとは思えない」。

誤解や認識不足もあったかもしれないが、ひと月暮らしてみての当時の率直な思いである。また、地元のメディアはオスプレイを「欠陥機」と呼ぶことが多いが、それは正確でないばかりか、取り組むべき問題の核心から外れてしまうおそれがあり、わたしは賛成しかねる。その点について、「（オスプレイについて）私は欠陥機という言い方をしないが、海兵隊は未完成の部分が多いまま膨大な予算を使い遅れに遅れていた配備計画に間に合わせるために見切り発車した」というわたしの見解も紹介してくれた。

少し補足しておこう。「欠陥機」と呼ばれる理由のひとつは、これまでに事故が多かったことである。しかし、多くの死者を出した事故は開発段階のものが多い。それだけ技術的にむずかしく、予算も時間も計画を大幅に超過した。途中で当時の国防長官ディック・チェイニー（のちの副大統領）が開発を中止しようとしたこともあったが、海兵隊が得意の政治力を駆使して開発を続けた。そういう経緯があるとはいえ、事故を問題にするなら、実戦配備後に限るべきだろう。プロ野球の選手に向かって、高校時代はヘタだったなどという批判があたらないのと同じだ。配備後の事故は今のところ、特別に多いというほどではないが、確かにしばしば起こっている。もしかしたら技術的な難点を今なお克服できていない部分が残っているのかもしれないが、だからといって、ただちに欠陥機ということにはならないだろう。

もうひとつ、問題とされるのは、ヘリコプターには必ずなくてはならないオートローテーション機能がオスプレイにはないことである。これはなんらかの理由でエンジンが停止した場合に、ローターの自由回転を利用して安全に着地できるようにするというものである。このオートローテーション機能は、日本でもアメリカでもヘリコプターには必ずなければならないとされているが、オスプレイではそれが事実上できない。当初は必須とされていたが、技術的に不可能だったため、開発の途中で、国防省は、この機能はなくてもいいことにした。オスプレイは垂直離着陸機であってヘリコプターではないので免除する、ということなのだろうか。どういう理屈によるのか、とにかく承認された以上は、これを理由に欠陥機と呼ぶのも適切でないと思う。オスプレイはエンジンは片方が動けば安全に着陸できるので、普天間のようなところで、これが墜落事故につながる可能性はきわめて低いといってもいいだろう。ただし、戦場のような過酷な環境では別だ。ベトナム戦争時、オートローテーション機能によって多くの兵士の命が救われたが、オスプレイではどうだろうか。

また、「未完成」とは飛行モードを転換するときなどに使うコンピューター・ソフトウェアの完成度のことをいっている。もちろん「未完成」も正確な表現とはいえないが、十分に安全性を確保できる水準に達しているかどうかに不安があるという意味だ。機体の性質上、飛行モードの転換中はやはり不安定になりやすい。だから、コンピューターの助けなしには転換はできない。それほどむずかしい飛行モードの転換のためのソフトウェアも、今後の改良によって次第に完成度を高め、安全性も高まっていくのだろうが、なにせ前例のない機種なのだから、少なくとも今のところは不安が残る。開発中止の憂き目にあいそうなほど難航し、予算も期間も大幅に超過した。その途中で、飛行データが改ざんされていたことも明るみに出た。そんな難産だったのだから、かなり無理をして、やや「見切り発車」のようなかたちで配備に持ちこんだのではないか、とわたしはうたがっている。

ヘリコプターの良いところと固定翼機の良いところをあわせ持つというふれこみだが、そもそも長所だけをあわせ持つなどという都合のいい話がそう簡単に実現するとも思えない。もしかしたら短所もあわせて抱えこんではいないだろうか。もし、そうだとすると「帯に短し、たすきに長し」になってしまう可能性もあるように思う。

暮らしのなかでの基地の騒音は、部隊の運用によるのだろうが、いつも同じではない。騒音回数やそれに伴う苦情の件数は月によって数倍の開きが出ることもある（県の調査）。本土から遊びに来た知人は、基地の静かさにいささか拍子抜けしたようすだった。二〇一三年一一月から一二月にかけて三週間近くわたしのアパートに滞在したにもかかわらず、オスプレイの騒音や振動を味わう（？）ことは幸か不幸かほとんどなかった。この時とは反対に、連日朝から夜まで飛びかうこともあり、訓練の激しいときには、路上にいて気分が悪くなったり、防犯ブザーが誤作動を起こしたりすることさえあるという。

日米合意と「良き隣人」

オスプレイが着陸に際して早くからヘリモードに転換すると、騒音や振動が大きくなり、またその時間も長くなる。反対に、固定翼モードで飛来し、基地に入ってから転換すれば、騒音と振動はそれほど気にならない程度になる。それほど、飛行モードによるちがいは大きい。しかし、わたしの宜野湾滞在中、固定翼モードで飛来して着陸したのを目撃したのは、わずかに二度だけであり、あとの九二回は早くからヘリモードに転換しての着陸だった。

二〇一二年一〇月のオスプレイ配備を前に反対運動が高まったことを受けて、日本政府はアメリカと交渉して飛行にあたっての合意をとりつけたが、すでに述べた通り、そのなかには、ヘリモードや転換モードで市街地上空を飛ばない、という内容も含まれている。

夜間の飛行については別の取り決めがある。一九九六年の騒音防止協定では、午後一〇時から午前六時までの夜間と早朝は飛ばないことになっている。しかし、これもほとんど有名無実と化している。なぜならば、規定はすべて「運用上の所要のために必要と考えられるものに制限される」だの「夜間飛行訓練は……必要な最小限に制限される」となっており、要するに軍の運用を最優先し、夜間も早朝も「努力目標」にすぎない。したがって、守らなくても厳密には「違反」にはならないという、何ともわかりやすい大きな「抜け穴」が用意されている。沖縄の人たちが「米軍は約束をしても守らない」という理由のひとつだろう。

騒音は離着陸時ばかりではない。離陸前や着陸後に駐機場でローターを回転させているあいだは、エンジンとローターの騒音・振動が周辺の住宅地域に響きわたる。わたしは大学まで歩いて通っていたが、その途中で駐機場のそばを通るし、大学内にいても基地の騒音・振動が気になることも少なくない。当然、帰りが遅くなったときなどは、周囲が静かなので、よけいに気になる。

道を歩いているときは、音や振動はまわりの建物に反射するので、どちらの方向から聞こえてくるのか、わからなくなることがある。ということは、住民にとっては、単純に基地からの距離と騒音の大きさが比例するとは限らないだろう。わたしの場合も、アパートの部屋にいるとき、廊下に出たとき、ベランダに出たときで、かなりちがうものだと感じた。また、しばしば深夜までエンジンを回し続けており、地元住民のことを考えているとは思えない。協定に定められている午後一〇時までに基地に帰りついても、そのあと長くエンジン音を周囲にまきちらしていては、住民にとっては同じことである。これも日本政府がアメリカ軍のために用意した抜け穴である。

オスプレイ以外でも、深夜の飛行があった場合には、地元の新聞はそのつど記事を載せていた。報道し記録を残しておく地道な努力は評価したい。

地元紙での報道はきわめて少ないが、米軍は各地の基地でそれぞれ定期的に地域住民との交流イベントなどを開いて「良き隣人」を演出している。地元との交流自体は望ましいことであり、そうした催しなどを否定するつもりはないが、それよりも、まずは、日ごろ近隣にふりまいている迷惑を減らす努力をすべきではないのか。

だいぶ前のことだが、こうした交流のイベントなどを知って、「米軍は良き隣人たろうとしている。それなのに沖縄の人たちは米軍の批判ばかりしていて、けしからん」とある知人が言っていた。この人は、本土の大学の教員であり、専門は安全保障問題である。安全保障の専門家らしい発言といえるだろう。

基地と大学

沖国大の取り組み

二〇〇四年八月に沖国大のキャンパスに普天間基地所属のヘリコプターが墜落し、米軍が一時、大学を占拠するという事件が起こり、大学図書館の一角に「米軍ヘリ墜落事件関係資料室」が設けられた。この資料室は、墜落事件から三年あまりを経た二〇〇八年一月に開設されたもので、当時の写真や新聞記事、関連書籍、ビデオなどのほか、目撃証言をもとに作製した模型も展示してある。模型には、迷走し旋回しながら墜落したヘリの軌跡まで再現してあった。

資料室を開設するためのプロジェクト会議のチーフだった照屋寛之・同大法学

部教授によれば、「墜落事件の記憶も時間と共に消えていっている。墜落事件後皆が叫んだ思いとは裏腹に無くさなければならない基地はそのままで、なくしてはならない事件の記憶は薄れている」。資料を収集、展示する場をつくることで「基地を抱える沖縄の共有財産にしたい」との思いで、この資料室を設置したとのことである（沖縄国際大学図書館報『でいご』第四二号、二〇〇八年）。

事件から五年後には「衝撃と惨状―写真・映像展―」を図書館で開催し、その後も資料の収集を進め、それらの展示やアンケート調査などを行っている。また、地元の画家が墜落事件をモチーフに描いた「黒い壁」という作品や現場から採取したがれきなども展示している。

しかし、大学は、墜落の恐ろしさをなによりも雄弁に示していた旧本館を取り壊し、黒く焦げたその壁も撤去してしまった。教員のあいだには、事件を風化させないためにも保存すべきだという声もあったが、大学当局はそれに応えなかった。米軍や日本政府に配慮したのだろうか。

大学の正門横には、墜落に伴う火災で焼け焦げたアカギの木が残っている。いや、残してある。その一角は、キャンパス外の一般道からいつでも入れるようになっており、通りすがりの人でも立ち入ることができる。わたしが普天間で暮らし始めたころには、まるで墜落現場を指差すようなかたちで立っていたそのアカギは、一〇月に沖縄をおそった三つの台風のあと、先端から次第に朽ちてきた。

もうひとつ、沖国大の取り組みとして注目したいのは、同大南島文化研究所が行った調査である。これほどの大事件であるにもかかわらず、本土のマスメディアの扱いが小さかったことを問題視した同研究所では「海兵隊ヘリ墜落事件報道実態調査研究会」を組織して、この事件についての全国のマスメディアの報道について調査を行った。会の代表をつとめた石原昌家教授は「日本本土メディアにとって沖縄が遠い『異国』のような存在なのだろうというのが実感だった」という。というのも、小泉純一郎首相が夏休みを理由にアテネ・オリンピックの観戦を優先し、稲嶺惠一知事が急ぎ上京して面会を求めたのを断っただけでなく、本土のメディアではオリンピックどころか、「読売巨人軍の渡辺恒雄オーナー辞任」よりも扱いが小さかったのだ。どう考えても、やはりこれはおかしい。

研究会では、墜落事件の発生から四カ月あまり後の二〇〇五年一月初め、北海道から沖縄まで、全国の新聞社や通信社、放送局の八〇社の編集局長ないし報道局長に宛てて質問状を発送した。ニューヨーク・タイ

建て替えられた校舎の前に焼け焦げたまま保存されているアカギの木（筆者撮影）

ムズ、CNN、BBCの東京支局も含まれている。質問は、ヘリの墜落をどのように報道したかをさまざまな角度から問うものであった。どのようにして事故の発生を知ったか、現場での取材や中継をしたか、「号外」や「ニュース速報」などを出したか、翌日以降に事故の分析などの企画記事や番組を組んだか、などについての回答を求めた。

返信は四五社からあった。米軍基地や自衛隊基地を抱える地域の新聞社は対応も早く、また熱のこもったものが多かった。全国メディアにも差はあったが、地方紙では特に関心の度合いの差が大きかったようだ。「米軍演習移転地、米軍基地所在地、自衛隊駐屯地、被爆体験地の新聞は、回答も早く、そして報道内容も通信社からの配信を中心にしながらも量的にも多い」という結果が出た。具体的には北海道新聞、神奈川新聞、長崎新聞などである。やはり、「基地問題を身近な社会的問題として認識してきたから」だろう。このあたりに沖縄と本土のあいだだけでなく、本土でも地域のあいだに関心の「温度差」があることが見てとれる。

また、「日本の外務省は米軍とほぼ同一歩調で頼りにならなかった」という回答を記述してきた社があった。今さらではあるが、外務省が誰のために働いているのかを示している（沖縄国際大学南島文化研究所編『米軍ヘリ墜落事件は、どのように報道されたか』）。

沖国大の学生

学生や教員に聞いてみると、騒音で授業が聞き取りにくいことや、ときには中断せざるをえないこともあるという。校舎や教室の場所によってもちがうだろう。わたしの研究室は基地から少し離れており、基地とのあいだに大きな建物があることや、部屋が一階であることも関係があるのだろうが、仕事にさしさわりがあると感じることはなかった。また、図書館にいるときも同じく、仕事の邪魔になるほどには感じなかった。

学生たちに話を聞いてみた。法学部の学生は大半が沖縄出身者で占められている。一年生から四年生まで、四〇人足らずだが、沖縄の一面を知ることができたように思う。

まず、全体的に基地問題に関心が高いとはいえないという印象を受けた。地元の宜野湾出身者を除いて、ほとんどの学生が普天間第二小学校を知らなかった。テレビなどで普天間問題を取り上げる際に、必ずとまではいえないものの、かなり頻繁に出てくるこの小学校を知らないことにいささかおどろいた。もちろんこの学校だけが危険なわけではないのだから、これを特別視する必要はないという理屈もありえよう。だが、普天間問題の象徴のようになっているこの学校を知らないということは、何かを示しているのではなかろうか。

そこで、別の質問をしてみた。自分が住んでいるところからいちばん近い基地がどこであり、それが何の基地か知っているかをたずねてみた。本土出身の学生以外にも、沖縄本島の南部や北部、あるいは離島など、基地とほとんど無関係な地域から来ている学生もいたが、そうした学生を除いても、自分の暮らしと基地との関係にほとんど関心を持っていないようだった。生まれたときから基地はあり、生活風景の一部になっているから、あまり気にしたことはない、という学生が多かった。

いわゆる「平和教育」についてもたずねてみた。沖縄では悲惨な沖縄戦について語り継ぐ活動が行われており、学校でもそうした題材を活用していると聞いていたからである。沖縄出身の学生は全員、小中学校で沖縄戦についての「平和学習」をしていた。ほとんどの学生は、戦争体験者の話を聞いたことがあり、なかにはそれを劇にして演じたという学生もいた。中学であらためて同じような話を聞かされて退屈したと正直に答えた学生も複数いた。まわりには居眠りしている生徒もいたという。「平和教育」がやや形式化してはいないだろうか、との疑問もうかんだ。こうした学習は小中学校が中心で、高校ではあまり行われていないということもあって、戦後の基地問題にまではたどりつかないのだろうが、大学生の基地への関心が低い理由はそれだけではないようにも思う。

「平和の礎《いしじ》」にはほぼ全員が行っていた。これは戦争終結から五〇年になる一九九五年に建立された記念碑で、沖縄本島南部の糸満市と八重瀬町にまたがる沖縄平和祈念公園の一角にある。国籍や軍人・民間人などの区別を一切することなく、沖縄戦の戦没者の氏名を刻んでいる。建立後も犠牲者の氏名を追加しており、その数は二四万人を超えている。この公園には、沖縄県平和祈念資料館や沖縄平和祈念堂などの施設もあるが、学生にはこの「平和の礎」が強く印象に残っているようだった。本土からの修学旅行生も大半が「平和の礎」を訪れるようだが、沖縄の学生も学校行事の一環で行ったとのことである。多数の非戦闘員が犠牲となった沖縄戦を象徴する「ひめゆり部隊」の慰霊碑「ひめゆりの塔」と並んで、今や「平和の礎」は修学旅行の〝定番〟となった観がある。

沖縄戦については学校で学んだが、戦後の米軍基地についてはあまり知らないというのが、沖縄の学生の多数を占めていると見てまちがいないだろう。沖国大では、基地問題についての講義もあり、地元市役所で基地対策に取り組む職員を講師に招くなどの努力もしている。それまでは関心がなかったが、沖国大に来てから基地について学び始めたという

二〇〇〇年の沖縄サミットの際に、稲嶺知事の案内で「平和の礎」を歩くクリントン米大統領（写真提供：共同通信社）

学生も少なくないことを、つけ加えておきたい。

基地をめぐる攻防

ゲート前の攻防

アパートから大学までの徒歩で一〇分あまりの通勤途中に佐真下ゲートの前を通る。このゲートは、早朝と夕方の通勤時間だけ開き、それ以外の時間は閉まっている。ほかの二つのゲートも見ておこうと思い、大山、野嵩《のだけ》のゲートにも行ってみた。こちらは一日中開いている。

まず、基地の北側、市役所近くにある野嵩ゲートでは、ゲートのまわりのフェンスにビニールテープをくくりつけたり、さまざまな色の粘着テープで文字をつくったりして、抗議の意思をあらわす活動が盛んに行われている。オスプレイが配備されることが発表された二〇一二年夏ごろから始まったとのことだ。

ところがあるとき、日曜の朝のことだが、ゲートの前を通ると、それらのリボンやテープをはがしている一団の人たちがいた。そこで、わたしはその人たちに話を聞いてみることにした。
そのグループの責任者を名乗る人の話によると、ボランティアの集まりとのことで、フェイスブックなどを通じて集まってきたという。基地の司令部の許可を得てこうした活動をしているとのことだった。理由をたずねると、「フェンスにリボンやテープをくくりつけるようなやり方は、抗議行動、平和運動として好ましいやり方ではない。フェンスを汚すのではなく、別の方法で意見を表明するべきだ」という。この主張には一理ある。

そこに集まっていたのは二〇人ほどだが、比較的若い人の姿が多く、家族連れもいた。沖縄以外から来ている人もおり、東京から来ていた若者もいた。「Okinawa Osprey Fan Club」と印刷されたTシャツを着ている若者が二、三人いたのでそれについてたずねてみると、鉄道マニアや自動車マニアなどのように、航空機としてのオスプレイのメカニズムに興味を持つ人たちの集まりだということだった。なるほど、プロペラの角度を変えて飛ぶティルト・ローター機は、マニアの心をそそるものがあるのだろうと思い、その場では納得した。しかし、それはのちに疑念に変わる。

九時ごろから始めて一一時前にはすっかりきれいになる。そして、翌朝からは、抗議側が再びリボンやテープをくくりつけ、また日曜の朝には、オスプレ

フェンスにビニールテープで書かれた抗議メッセージ（筆者撮影）

イ・ファン・クラブを含む人たちがそれをはがす。このイタチごっこがくりかえされていた。

野嵩ゲート前でリボンやテープで抗議の意思をあらわしているのは「普天間爆音訴訟」にかかわっている人が中心である。ゲートから歩いて数分のところにその事務所がある。初めてこの事務所を訪れたとき、年配の方から「本土から来たのか。沖縄戦のことなんか知らないだろう。少しは勉強していきなさい」と沖縄戦について説明を受けた。説明というより説教に近かったが、だまって聞いた。

基地の西側にある大山ゲートにも行ってみた。ここがメイン・ゲートである。こちらの抗議行動は早朝六時から始まる。沖縄の大動脈である国道五八号線に面して「友交園（Friendship Park）」という名の公園がある。そこからゲートに続く一〇〇メートルあまりの道路に沿って、抗議のプラカードや横断幕を掲げた人たちがいた。三〇人ほどだったろうか。通勤する米軍関係者に向けた抗議活動である。野嵩とは別の人たちのようだ。なかには「オスプレイ反対」「海兵隊は出て行け」といったことを英語で叫んでいる人もいた。どちらかというと高齢の人が多かった。

その一角に、通勤の車両に手を振っている一団を見つけた。どうも様子がちがうと思って近づいてみると、野嵩ゲート前で会った、テープをはがす側の責任者がいた。こちらでは毎週、金曜日の朝にこうした「激励活動」をしているという。日曜日は野嵩ゲートのフェンスをきれいにする「フェンス・クリーン作戦」で、金曜日は、大山ゲートで基地反対派の「心ない罵声」に対抗する「ハート・クリーン作戦」なのだそうだ。しかし、こちら側の若者のなかには、反対派の人に対して「心ない罵声」を浴びせている若者もいた。看板と実態は必ずしも一致していない。気のせいだろうか、地元の青年には見えず、本土から来ているのではないかと思った。

いずれの側の活動からも出てくる激しい言葉に違和感をおぼえる人もいる。普天間基地の閉鎖を訴える運動などに参加してきたある人は、「これまでの苦しみを考えると攻撃的な言葉で訴えたくなるのもわかります」としながらも、「ゲート前でのアメリカ兵個人にたいしてのネガティブな発言」には「あまり良い気持ちはしていませんでした」という。その人は、段ボールに「LOVE　YOU　HATE　WAR」（あなたは好きだが、戦争は嫌いだ）と書いたプラカードを掲げて活動してきた。この人とは、次に述べる映画『標的の村』の上映運動で知り合った。

ところでこの日、抗議行動をしている人たちを車からカメラで撮影しながら、激励派のグループのところにやって来た人がいた。車から降り、菓子の入った箱を差し入れた。激励派の人たちとは以前から顔見知りらしく、活動が終わるまで楽しげに談笑していた。その人はわたしが以前から知っているアメリカ人で、今は海兵隊に勤務し、地元自治体との交渉などを担当している。沖縄基地問題の起源を研究した論文で日本の大学から博士号を取得した、かの人である（六ページ）。オスプレイ・ファン・クラブのTシャツを着ていた。そもそもこのファン・クラブをつくるのにも一役買ったらしい。

映画『標的の村』

オスプレイが配備される直前、普天間のゲート前では激しい抗議運動が展開され、配備を前に市民がゲートを封鎖するという実力行使に出た。参加した人たちのなかには、沖縄本島北部の東村《ひがしそん》から来ている人たちもいた。その東村に広がる海兵隊北部演習場では六カ所のヘリパッド（発着場）の建設が進められている。オスプレイ用とされるそれらは、同村の高江地区を取り囲むように計画されており、完成するとそれまでの静かな生活が脅かされるということで、反対運動が起こっている。

その高江でのヘリパッド建設反対運動と普天間でのオスプレイ配備反対運動を

記録したドキュメンタリー映画が話題になり、静かに広がりを見せていた。『標的の村』というその映画は、もともとは地元のテレビ局が制作したものを劇場用に編集し直したものである。那覇の映画館で観たときは、場内からすすり泣きが聞こえた。沖縄だけでなく、東京でもそうだったと知人から聞いた。

この映画は話題を呼び、あちらこちらで上映されるようになっていった。全国の四〇を超える映画館で上映され、自主上映会も各地で開かれた。わたしがいるあいだに、沖縄でも文字どおり手づくりの会で上映された。それぞれの経験やノウハウを伝え合い、上映会を広めるための集まりが沖国大で開かれた。わたしも「枯れ木も山のにぎわい」と、その会に顔を出したり、上映会に行ったりした。

作品の評価は高く、映画やテレビ番組に贈られるいくつもの賞を受けている。手元にあるチラシによれば、二〇一二年度テレメンタリー年間最優秀賞、ギャラクシー賞テレビ部門優秀賞、平成二五年度民間放送連盟賞九州沖縄地区報道部門最優秀賞、二〇一三年日本ジャーナリスト会議JCJ賞、山形国際ドキュメンタリー映画祭二〇一三市民賞および同日本映画監督協会賞、日本映画撮影監督協会第二二回JSC賞などを受賞し、第八七回キネマ旬報ベスト・テン文化映画第一

位にも輝いている。

監督の三上智恵さんに直接確認したところ、これらをあわせて実に一六もの賞を受賞しているとのことだ（二〇一四年六月）。映画の内容を文字で伝える筆力はわたしにはないが、これらの受賞歴が何を物語っているかわかるだろう。

近隣の声

ゲート前の抗議運動や映画『標的の村』が映している姿だけが普天間ではない。基地の周辺で出会った近所の人たちの話からは、異なる一面も見えてくる。

基地そのものには近いが滑走路からはやや離れたところに住むある主婦は、「このあたりは、騒音もそれほどひどくはない」ということもあってか、基地にはあまり批判的ではなかった。嘉手納基地で働いたことがあり、「アメリカ兵は親切だった」という経験の持ち主であるということも関係しているのだろう。

さらに、「このあたりは大きな家が多いでしょ。地主がけっこういるから」と経済的理由をあげて、「事故さえ起こさなければ、このままでもいい」と言っていた。一〇年あまり宜野湾に暮らしているという男性は、騒音は気になると言いながらも、「沖縄のメディアは、基地反対ばかりを取り上げるが、そういう人ばかりではない。基地がなくなれば、困る人も少なくない」と、やはり主に経済的な理由から基地との共存を否定しない。地元出身で基地の近くで飲食店を経営する別の男性は、「住民の賛否は半々ぐらいかな。たまに客同士で話題になることもあるけど、やはり賛否は半々ぐらいのようだ」と言い、居合わせた女性客と「基地がなくなった場合に、良いことが何で、良くないことが何なのか。それがそもそもよくわからない」と話していた。

世論調査などを見るかぎり「賛否は半々」ということはないが、こうした声を普天間で容易に聞くことができるのは確かである。基地の閉鎖は求めつつも、辺野古への移設を容認する佐喜眞淳・現市長が誕生したのは、こうした人たちの後押しを受けたのだろうか。仲井眞知事と歩調をあわせる佐喜眞市長は、伊波《いは》洋一・元市長の時代に途絶えた基地との交流を再開させ、積極的に進めている。

4——歴史のなかの普天間

宜野湾の歴史

戦前の宜野湾

南北に長い沖縄島の南部と北部を結ぶ交通の要衝として、宜野湾は古くから栄えていた。琉球王国時代の行政単位である宜野湾間切《まぎり》がほぼ現在の宜野湾市にあたるが、宜野湾間切の設置は一六七一年で、長い歴史がある。明治政府による「琉球処分」の後も「旧慣温存」政策により旧制度がしばらく残され、宜野湾間切には一時、中頭郡《なかがみ》の役所が置かれ、行政制度の改革を経て、一九四二年には中頭地方事務所が当時の宜野湾村に置かれた。

かつては首里城と普天満宮を結ぶ街道が現在の普天間基地の中央を縦断するように走っており、すでに述べたように、街道沿いには松並木（宜野湾並松）が整備されていた。一六四四年から琉球国王の参拝が始まったとされるこの街道に沿って、嘉数、宜野湾、神山、新城、普天間などいくつもの集落があった。このあたりは琉球石灰岩というサンゴ礁に由来する地質からなる台地となっており、集落のまわりではサトウキビやサツマイモの栽培が行われていた。東シナ海に面した海岸沿いには、豊富な湧き水を利用した水田が広がっており、かつての宜野湾一帯は沖縄でも指折りの豊かな農業地帯であった。アジア太平洋戦争末期の一九四五年三月には、二二の部落に約一万四〇〇〇人を抱えるまでになっていた。[▼1]

普天間基地の西に宜野湾市立博物館がある。そこには普天間基地に奪われた集落のひとつ、新城集落のジオラマが展示してあり、並松街道に沿って多くの民家がこの集落にあったことがわかる。新城の集落は数百年前にさかのぼる琉球王国時代に計画的に碁盤の目のように形成されたものであることがわかっている。また、同博物館には戦前、並木をかたちづくっていた琉球松の木も再現されている。基地に奪われた故郷の集落とそれを彩っていた松並木が失われたことを惜し

1 『宜野湾市史 第一巻・通史編』。

み、懐かしむ市民の思いの強さを感じさせる展示内容となっている。いつの日か取り返したいという思いも込められているのだろう。

「何もないところに基地をつくったら、カネ目当てに人が集まってきた」という話が広まっているが、このように少し歴史をひもといてみれば、それがまったく根拠のないものであることは容易にわかる。情けなくも嘆かわしいのは、こんな話を信じている者が沖縄の大学生のなかにも少なくないことである。

沖縄戦と収容所

アジア太平洋戦争の末期、一九四五年三月に硫黄島が陥落すると、踵を接してアメリカは沖縄攻略作戦（アイスバーグ作戦）を開始した。日本軍は「軍官民共生共死」を掲げて沖縄県民を動員して陣地や飛行場を建設し、侵攻に備えた。当時の宜野湾村には日本軍が駐屯していた。住民は食糧を供出させられただけでなく、陣地構築などに徴用された。また、空き家は慰安所として利用された。[2]

圧倒的な兵力を沖縄に結集した米軍は、「鉄の暴風」と形容されるほどの激しい艦砲射撃に続いて、四月一日に沖縄本島中部の西海岸、宜野湾の北西にあたる読谷・北谷の海岸に上陸し、北と南の二手に分かれて進軍を開始した。早くも翌日には宜野湾にまで軍を進めたが、日本軍は宜野湾の南部の嘉数高台に陣地を構

2　宜野湾市教育委員会編『ぎのわんの地名――内陸部編』二〇〇六、一二五ページ。

築して米軍をむかえ撃つ準備をしていた。

住民のなかにはすでに北部に疎開していた人もいたが、地下に広がる洞窟に避難した人も多かった。沖縄本島中南部の地質はサンゴ礁からできているため、宜野湾にもいたるところに洞窟がある。当時一六歳だった住民のひとりは、体験を次のように語っている。[3]

米軍が上陸したとき、私は現在の普天間飛行場の中にあったアラグスクガーという自然洞窟に避難した。新城部落の住民は、全員そこへ隠れることになっていた。（略）

洞窟に入って六日目に、薪がなくなったので先輩たちが外に出て、その対策を話し合っているところへ、米軍が進攻してきた。米軍に見つかった先輩方は驚いて洞窟へ逃げ帰ってきた。一瞬洞窟内には不安がただよい、米軍と戦うかどうか話し合いをしたところ、竹槍で戦おうという意見もあったが、なかなかまとまらなかった。

そのとき、幸いにもアメリカ帰りの宮城蒲上さんとハワイ帰りの宮城トミさんがこの洞窟に避難していたので蒲上さんが外に出て米兵と話し合ってみることにした。そうしたら、「殺しはしない」という返事があったので、全

3 『宜野湾市史　第三巻・資料編二　市民の戦争体験記録』一三－一四ページ。

員出ることになり、（略）結局一人の犠牲者も出すことなく、私たちは救出されたのである。

この洞窟には新城部落のほぼ全員、三〇〇人近い人が避難していた。話し合って、「全員どんなことがあっても死ぬことは考えないこと、そのため見つかったら抵抗しないでアメリカ兵のいう通りに行動する」ことにしていたという。英語のできる人が通訳をして、避難していた住民が無事に保護されたという、大城立裕の小説「普天間よ」で描かれていた話は、こうした実話に基づいている。抵抗していたら、多くの犠牲者が出たことだろう。この洞窟にいたのが住民だけで、日本軍がいなかったことも幸いだった。

こうして命拾いをした人たちは幸運であった。ここからわずか数キロ南の嘉数では、戦闘は激烈をきわめ、米軍が「いまいましい丘」と呼んだ嘉数の高台をめぐる攻防は二〇日あまりも続いた。「住民は軍の足手まといになるから避難せよ」という軍の指示に従って南部へ逃げた人も多かったが、やはり激戦地となった南部では、多くの人が命を落とした。結局、宜野湾では当時の人口約一万四〇〇〇人のうち、三七〇〇人もの戦死者を出している。人口比でいえば四分の一を超える高い率である。

生き延びた人びとも、そこからまた苦労が始まった。四月一〇日から一五日のあいだにほとんどの住民が米軍に捕らわれ、収容所に入れられた。これを「捕虜」と表現している書物も少なくないが、軍人ではない一般住民は、法的には捕虜にはあたらない。米軍が宜野湾内の野嵩に設置した収容所から後に北部のいくつかの収容所に移された。収容所によって条件は異なったようだが、家畜同然の生活を強いられたところもあったという。

沖縄戦は七月二日に終了した。この日が米軍の「作戦終了」の日である。降伏文書への署名は九月に入ってからであった。しかし、沖縄では、軍司令官の牛島満（陸軍中将）が自決した六月二三日を「慰霊の日」としている。公共機関も休みになり、沖国大でも授業が休講になるだけでなく、図書館も閉館となる。ほとんど「国民の祝日」と同じである。沖縄戦がいかに沖縄にとって大きなものであるかがわかるだろう。しかし、この日は、司令部の壊滅によって日本軍の組織的戦闘が終結した日というにすぎない。先に紹介したように、作家の大城立裕はこれを「軍司令官と参謀長が野戦に何万という敗残の兵士を置き去りにして自決した」としている。沖縄では、当時の人口の二割にあたる一二万人以上が命を奪われた

野嵩収容所で遊ぶ子どもたち　一九四六年
（写真提供：宜野湾市教育委員会文化課）

が、この日以降の犠牲者も少なくない。「ひめゆり部隊」の女生徒も大半が六月二三日以降に命を落としており、決して「終結の日」ではなかった。

アメリカ側も一万二〇〇〇人の将兵が戦死しており、米軍にとって沖縄は、大きな犠牲をはらって手に入れた〝戦利品〟でもある。あまりに激しくむごたらしい戦闘のために、米軍でも精神を病む兵士が続出し、戦後も問題となった。沖縄でも、生き残った人のなかに、かなりの年月を経てから、当時の記憶によって心のバランスを崩す例が少なくなく、近年になってあらためて問題となっている。[4]

住民を収容所に入れているあいだに、米軍は街道の松並木を切り倒し、家屋をはじめ、役場、学校、郵便局などの建物をすべて破壊し、日本本土攻撃のための飛行場を建設した。これが今日に続く普天間基地の始まりである。

敗戦から一年が過ぎた一九四六年九月ころから、収容所に入れられていた住民らの帰還が徐々に許されるようになり、翌四七年の夏までには、旧部落もしくはその近くに戻ることができた。戻ってきた人びとは、米軍に接収されて、基地へとすっかり姿を変えてしまった故郷を前に、しかたなく、周囲の居住が許された地域で暮らし始めた。生活のための宅地と農地が各戸に割り当てられたが、十分ではなかった。

沖国大のある宇宜野湾についていうと、集落のあった地域を含む全体の三分の

4　蟻塚亮二『沖縄戦と心の傷――トラウマ診療の現場から』。

二が基地のなかである。収容所から戻ってきた住民は、かつて農地だったところに住むほかなかった。戦争中に戦車によって踏み固められた土を苦労して掘り起こし、薬莢《やっきょう》や不発弾を注意深く取り除きながらの生活が戦後の宜野湾住民の第一歩であった。

基地の建設と展開

基地の建設

沖縄戦に勝利した米軍は、日本本土攻撃のために各地で沖縄の飛行場の整備を始めた。日本軍の空港を接収して利用したほか、新たな飛行場も建設した。普天間は陸軍工兵隊によって重爆撃機用の飛行場として建設された。

戦争中、沖縄では、米軍は保護下に入った住民の怪我の治療をしたり、食料を配給したりしていた。日本軍に「自決」を迫られたり、避難していた壕から追い出されたりした例が少なくなかったことからいえば、沖縄の人たちにとってアメリカ兵は必ずしも「鬼畜」ではなかった。日本軍の宣伝とは異なる一面を知り、むしろ日本軍の卑劣さを思い知ることともなった。「米兵の捕虜になったら、若い女性は米兵の慰みものになるという日本のデマほど、婦女子を震え上がらせたものはない」というほどだったが、「鬼畜米英と教え込まれていた米兵が、非常に親切な面を見せて、住民は全く意外な感に打たれた」という声が沖縄各地で聞かれる。[5]『宜野湾市史』はこのあたりの事情を次のように記している。[6]

非人道的な日本の皇民化教育、軍国主義教育によって培われてきた価値観が、崩壊することによって、米軍による占領支配を容易に受け入れる状況が、精神的にもまた飢えを免れるためにも生まれたのである。

これらは、占領初期沖縄住民が、ただちに異民族支配を脱却しようという方向性が形成されなかった大きな要素であろう。

しかし、まもなくすると、アメリカ兵による暴力、殺人、強盗、強姦などの犯罪が多発するようになった。兵士が集団で女性目当てに集落を襲うこともあり、とりわけ女性は恐怖のなかでの生活となった。警察も手を出せず、泣き寝入りせざるをえないことが多かった。そこで、危険を知らせる鐘をつるし、兵士を目撃すると鐘を乱打して住民に知らせるようなこともした。鐘といっても酸素ボンベ

5 字宜野湾誌編集委員会編『ぎのわん——字宜野湾郷友会誌』一九〇、二〇二ページ。
6 『宜野湾市史』第一巻、四四一ページ。

をつるして鐘がわりにしたものが多かった。また、集落で自警団を組織したところもあった。

普天間飛行場は、戦争後しばらくのあいだはほとんど使われなかった。当時はまだフェンスはなく、墓参りなどのための出入りが自由にできただけでなく、基地内で耕作することも盛んに行われていた。ところが一九四八年には立ち入りを禁ずる通達が出され、翌四九年から基地の拡張が始まった。一九五〇年六月から朝鮮戦争が始まると、アメリカのほか、日本やフィリピンの建設業者によって基地の整備が進められた。五二年七月に再使用の通達が出され、本格的な整備が行われるようになった。同年一二月には空軍に移管され、二〇〇〇メートル足らずだった滑走路が二四〇〇メートルに延び、さらに五三年には二七〇〇メートルに延長された。また、ナイキ・ミサイルも配備された。それでも当時は補助飛行場という位置づけであり、実際にはほとんど遊休化した状態が長く続いた。

米軍による普天間飛行場建設。一九四五年六月（沖縄県公文書館所蔵）

「軍作業」

本土以上に農業社会であった沖縄では、戦後も農業が主な産業であることには変わりはない。しかし、土地を奪われた人が多かったこともあり、「軍作業」という新たな仕事の形態が登場し、「宜野湾村民は軍作業なしには食っていけなかった」というほど大きな役割を果たすことになった。食堂や売店のほか、炊事や洗濯などの米軍家族のハウスメイドから庭仕事、はては死体の片づけまで、ありとあらゆる仕事に就いた。アメリカ人の家庭から出る残飯で豚を買う住民もいた。「軍作業をしていた人は充分に食事ができていた。軍作業には色々な職種があって、多くの人が軍作業を望」むという状況が生まれた。当時としては給与などの面でかなり条件がよかったためである。ある人は高校卒業後、宜野湾村役場に就職したが、「役場仕事は人気がなかったため、すぐに就職することができた」という。今では考えられないような話だが、事実、公務員や教員から軍関係の仕事に転職する人も多く、学校の教員が不足するほどになった。若い人ほど軍の仕事に就く傾向にあったという。運転手や食堂のコックなどは特に人気があり、バーテンダーは若い人のあこがれになった。

一九四六年末の段階で、一六歳から五九歳の「純可働能力者」は男女あわせて四七四〇人であったが、そのうち七七三人、割合にして一六パーセントあまりが軍作業に従事していた。その後も軍作業は増え続け、一九四九年三月には、その比率は七〇パーセントにまで上がる。沖縄全体で見ると、最盛期には七万人あまりが軍作業に従事していた。勤め先の少なかった当時の沖縄では、数においても待遇においても、基地は最大にして最高の職場だったといえるだろう。[7]

伊佐浜闘争

沖縄の米軍基地というと「銃剣とブルドーザー」と形容される暴力的な土地の接収が行われたことが知られている。現在の宜野湾市内には、普天間のほかに、市の北部に海兵隊キャンプ瑞慶覧《ずけらん》の一部がかかっているが、ここではまさにそのようなやり方で土地が接収された。

一九五三年四月の「土地収用令」によって軍用地の恒久的使用に乗り出した米軍は、各地で新たに土地の明け渡し命令を出していた。五四年四月、沖縄で最も恵まれた農地であった当時の宜野湾村伊佐浜で水田への植え付けを禁じることからそれは始まった。伊佐は八〇戸、人口二八〇人の部落であったが、周辺の新城、安仁屋《あにや》、喜友名《きゆな》の田畑あわせて一四万坪の接収と伊佐浜部落の二二〇戸が立ち退きを命ぜられた。これら四つの部落には、五〇〇戸、二〇〇〇人を超える住民が暮らしていた。五〇〇戸のうちの七割以上が農家であり、農民たちはここでイネの二期作を行い、生計を立てていた。

住民は「軍用地対策委員会」を結成して、対応に乗り出した。しかし、米軍

7 『宜野湾市史』第八巻。

は、「世界情勢は緊迫しており、自由世界防衛のため、合衆国が必要とする場合はいかなる、かつすべての私有地をも取得するだけである」として、住民の訴えを認めることはなかった。住民側は「なんらの補償を示さないで立退かされることに反対」し、琉球政府や立法院を通じて米軍に陳情を行った。当時の沖縄では「ソ連共産主義の侵略に備えるために米軍用地に供されることは、万事やむをえない措置であって、能うる限りの協力を惜しむものではないが、然しながら移動先の指示もなく、わずかばかりの補償をもって、農民の生きるための一番大切な耕地を取り上げられる事は、農民が恐怖と絶望に陥いること」といった捉え方がむしろ一般的だった。[8]

現実的に代替地の取得や賃借料の問題としての対応を受け入れざるをえないというのが当時の沖縄であったといえよう。しかしながら、米軍は住民の要求をことごとく拒否したため、翌一九五五年に入ると、土地をめぐる闘争は激しさを増した。同年三月から土地の強制収用が始まり、七月には強硬手段に訴えて抵抗する住民を排除するという実力行使に出た。そのときの様子を住民のひとりは次のように記している。[9]

接収された日の夜、アメリカ軍は戦車を並べてやってきた。私たちは向っ

8　『宜野湾市史』第一巻、四一五―四一七ページ。

9　『宜野湾市史』第三巻、三九二ページ。

てくる戦車の前に座り込んだのだが、ついに排除されてしまった。
何十台ものトラクターやブルドーザーがグルグルまわり続けるので、とうてい素手の私たちが勝てるはずはなかった。次第に後へ後へと押され、夜が明けるまでには部落全体がつぶされてしまっていた。この時ほど悲しいと思ったことはなかった。

ブルドーザーの前に座り込んだ住民に対して、銃剣を構えた武装兵が住民を追い出して接収した。当時の伊佐浜二八六世帯のうち、五〇世帯以上が家屋や田畑を米軍に接収された。家屋をつぶされた二四世帯の住民は、近くの大山小学校に仮住まいしたが、その後、別の土地に移り住んだり、また、ブラジルへ移住する人もいた。

伊佐浜部落で掲げられた「土地取上げは死刑の宣告」「農民の命　土地を守れ」「金は一年　土地は万年」といった抵抗ののぼりが農民の気持ちを語っている。同時期に行われた伊江島での土地接収と同じく、文字どおり「銃剣とブルドーザー」による強制接収であった。伊江島以外にも各地で土地の接収が行われたが、このような強引で暴力的な土地接収がやがて「島ぐるみ闘争」へとつながり、沖縄史のひとつの画期をなすものとな

米軍による土地の接収に反対する住民たち　宜野湾伊佐浜、一九五五年（沖縄県公文書館所蔵）

る。また、「島ぐるみ闘争」が最も盛り上がった一九五六年六月から七月にかけて、本土でも各地で沖縄問題を取り上げた集会が開かれた。「沖縄問題解決国民総決起大会」と銘打つものもあった。[10]

ところで、戦時中から終戦直後の第一次接収に続くこの第二次接収では、米兵は実際に銃剣を突きつけて、住民の目の前でブルドーザーによって接収していった。しかし、基地に奪われた土地の大半は、すでに第一次接収で確保されたものである。また、一部であるが、現在の名護市辺野古のように、合意によって提供された土地もある。そうしたことを考えあわせると、経済学者の来間泰男・沖国大名誉教授が指摘するように、「『在沖アメリカ軍基地は、銃剣とブルドーザーによって接収されたものである』というのは、一面的すぎる」という評価もありえよう。[11]

海兵隊基地へ

土地を奪って飛行場が建設されたとはいえ、しばらくのあいだは基地内への出入りは自由だったため、住民は基地内で耕作を行っていた。そうした黙認耕作地への出入りが不自由になるのは一九六〇年代に入ってからである。六二年二月に飛行場全域を金網で囲うとの通知が出され、翌年五月ごろにはその工事が完了し

10　森宣雄・鳥山淳編『「島ぐるみ闘争」はどう準備されたか』、平良好利『戦後沖縄と米軍基地』、中野好夫・新崎盛暉『沖縄戦後史』。島ぐるみ闘争の前段として、前年一月の『朝日新聞』の報道がある。この報道について新崎盛暉は「孤立したままで米軍の支配下に閉じ込められていた沖縄にとって、朝日報道は、まさに百万の援軍来たるの感があった」と評価している。新崎盛暉『戦後沖縄史』一三九ページ。

11　来間泰男『沖縄の米軍基地と軍用地料』二九ページ。

た。その後は耕作地への出入りは二カ所に制限され、通行証を持参しなければならなくなった。やがて一九七〇年にはその出入り口も封鎖され、耕作もできなくなった。

一九六〇年五月に海兵隊に移管され、海兵隊の航空隊基地となったころには、基地の部隊とのあいだで親善委員会もできており、生活にもある程度のゆとりと落ち着きを取り戻すことができた。宜野湾村が市に昇格した一九六二年には、人口も三万人を超え、那覇、コザに次ぐ発展を遂げており、建設ブームが続いていた。また、軍に接収された土地からは、地代（賃貸料）も入るようになっていた。

普天間は、一九六九年から第一海兵航空団第三六海兵航空群の基地となっているが、飛行場として本格的に使用されるようになり、それに伴って騒音被害も本格化するのは、一九七二年の沖縄返還後のことである。七四年には、嘉手納飛行場の補助飛行場として使用するために滑走路の整備が行われた。七六年に北谷町のキャンプ瑞慶覧内にあったハンビー飛行場が返還されることが決まり、宜野湾市ではそれに伴う格納庫・駐機場・駐車場などの代替施設を建設してこれに備えた。一〇〇〇メートルの滑走路を持つハンビー飛行場は、海兵隊のヘリコプター基地として離着陸訓練などに利用されていた。八一年の全面返還と同時にハンビーから移ってきたヘリ部隊が普天間で訓練をするようになり、それに伴って騒音と危険は一気に高まった。

ちなみに、ハンビー飛行場の跡地は海岸を埋め立てるなどして再開発され、今では「美浜タウンリゾート・アメリカンビレッジ」として人工ビーチやホテル、ショッピングセンターなどが立ち並ぶ商業地域となっており、基地の跡地利用の代表的な成功例とされている。

普天間第二小学校

市への昇格から四年後の一九六六年には、宜野湾の人口は三万五〇〇〇人を数えるまでになった。急激な人口増に伴い、普天間小学校は児童数二四〇〇人という全国屈指の大規模校に膨れ上がった。その過密状態を解消することが急務となり、六九年四月には普天間第二小学校が開設された。翌年には新校舎が完成し、一部の学年から移転が始まり、七一年六月に移転が完了した。しかしその後、先に述べたように、一九八〇年代に入ると、激しい爆音や低空飛行によってたびたび授業が中断されるようになるなど、教育環境の問題が深刻化し、移転を検討せざるをえなくなる。

一九八二年一一月、当時の安次富《あしとみ》盛信市長は那覇防衛局長に宛てて、普天間第二小学校用地として、キャンプ瑞慶覧の土地三万平方メートルあまりの返還を要請した。その理由を次のように述べている。[12]

〔普天間第二小学校は――引用者〕フェンスを隔てて普天間飛行場に隣接しているために、市内の学校（小学校六校、中学校三校）の中で最も同基地から離発着する大型輸送機をはじめ、ヘリコプターの飛行訓練等から発生する航空機騒音の被害をまともに受ける場所にあって、児童生徒の学習活動も騒音のために中断を余儀なくされて適正な教育活動もできない状態にあります。

〔一部を抜粋〕

騒音のほか、児童数に対して普天間第二小の校地面積が文部省の基準を大きく下回っているという問題もあった。こうしたことを理由に、同校をキャンプ瑞慶覧内に移転すべく土地の返還を求めたのであった。その目処もつき、一九八七年の開校を目指すこととし、翌八三年七月には用地取得費用の補助を防衛施設庁に願い出た。約二五億円と推定される用地取得および造成費は、当時の宜野湾市にとっては荷の重いものであったため、防衛施設庁に費用の補助を求めることにしたのである。しかし、翌年にも同様の要請をしたものの、思うように進まず、市長は在沖縄米国総領事にも「日本政府へ普天間第二小学校移転事業に係る用地取

12　宜野湾市編『宜野湾市と基地』（一九八四年）一六八―一六九ページ。

得費の補助金を本市へ交付されるべく政治的バックアップ等の特段の御高配」を求めた。その後、一九八八年一一月には、国に対して同小の移転を要請し、翌年九月には、衆議院沖縄特別委員会が状況の聴取を行っている。

一方、一九八三年七月、海兵隊の攻撃機A-4「スカイホーク」が普天間に一時的に移駐された。事故への不安が住民のあいだで高まり、飛行場移設の声が起こった。一〇月、宜野湾市は飛行場の移設を県知事に要請し、同時に「普天間飛行場跡地利用検討委員会」も発足させた。[13]

二〇〇四年八月の沖国大への墜落以外にも数多くの事故が起こっている。『宜野湾市と基地』二〇〇九年版によれば、沖縄の復帰から二〇〇八年までのあいだに、普天間所属機による八六件の事故が起きている。そのなかにはヘリコプターを含む航空機の墜落が一九件あり、多くは訓練中などに海上や演習場に墜落したものであるが、一歩まちがえば大惨事になりかねないような事故もある。一九八二年八月には、訓練中のヘリコプターUN-1Nが基地内とはいえ、普天間第二小学校からわずか二〇〇メートルのところに墜落した。一九九二年一〇月に住宅地域に墜落した事故は、同じく普天間第二小から五〇〇メートルのところで起きている。このほかにも、普天間の上空でのヘリ同士の接触や部品の落下事故など、住民が危険と隣り合わせで暮らしていることを実感させられる事故も多い。

13 『宜野湾市史』第一巻、四七六ページ。

結局、普天間第二小の移転は行われないまま、一九九六年の普天間飛行場の返還合意をむかえ、現在では移転の計画はない[14]。

14　宜野湾市教育委員会での聞き取り。二〇一四年二月一九日。また、移転には多額の費用がかかることもあるが、地元住民のあいだに、児童に交通量の多い県道八一号線を渡って通学させることへの不安があったことも理由のひとつだと地元の元教師から聞いた。

Ⅲ　基地と経済を考える

5——宜野湾市と基地

宜野湾市役所

清明祭《しーみー》

仏教が本土のようには根づかなかった沖縄では、独特の祖先崇拝が信仰の中心を占めている。健康や子孫繁栄から商売繁盛まで祖先の守護があるという信仰のあり方は、日本とも中国とも異なって沖縄で独自に発展したものらしい（名嘉真宜勝『沖縄の人生儀礼と墓』、比嘉政夫『沖縄の親族・信仰・祭祀』）。

祖先崇拝にあつい沖縄の人たちが墓をないがしろにするはずがない。では、普天間基地のなかにある墓はどうするのか。宜野湾で暮らし始めたころにフェンス沿いを散歩していて、大きな亀甲墓という沖縄独特の墓がいくつも基地のなかにあることが不思議でもあった。聞いてみると、清明祭のときには基地内に入ることが許されるのだという。清明とは二十四節気のひとつであり、新暦では四月の上旬になる。この日は親族がそろって墓参りをすることになっており、この清明祭は沖縄の人びとにとってはたいせつな行事である。清明祭の写真を見ると、おおぜいでごちそうを持ち寄って、まるでピクニックのような感じだ。たとえていえば、墓参りと花見がいっしょになったようなものといったところだろうか。そのたいせつな日に基地内の墓へ行くには手続きが必要なのだと聞いて、市役所でたずねてみた。担当しているのは基地渉外課である。

まず、市内に二三ある自治会長が集まってその年の清明祭の日取りを決める。その報告を受けて市は申請用紙を自治会に配布する。基地内への立ち入りを希望する人の必要事項を記載した名簿を自治会単位で作成し、基地渉外課に提出する。市では基地への提出用の形式に文書を作成し直して提出する。立ち入り許可の権限は米軍にあるが、認められないことはない

基地内にある墓（『FUTENMA 360°』より）

という。この申請をするのは例年、五〇〇人ないし六〇〇人にのぼる。申請していない人は基地内に入れないので、予定者は必ず名簿に載せておくが、その日の都合や天候などによって左右される面もあるので、実際に基地内に入るのはそれよりも少ないようだが、市では実数までは把握していないという。このように自治会単位で申請をとりまとめているが、墓は基地のなかにあるけれども市外に住んでいるという人もいる。そういう人は当然、自治会に入っていないので、その場合は直接、市が申請を受け付ける。

清明祭とは別に、墓参や墓の掃除などで立ち入りを希望する人もいる。また、墓以外の拝所《うがんじゅ》という、その名のとおり拝む場所に行きたいという人たちの申請が例年五〇件ほどある。一件あたり一人から二〇人ほどだというが、例年、こうした申請をする人はほぼ決まっているという。

立ち入り調査

清明祭や墓参などのために市民が立ち入ることは、手続きさえとれば認められることが多いが、それ以外に、主に遺跡などの文化財の調査のために市の担当者が立ち入ることがある。市教育委員会の文化課がそうした調査を行っており、報告書も発行している。古くから栄えた土地であることから、多くの文化財が基地のなかにもにある。多数の拝所や古墳のほか、集落の跡や洞窟遺跡などもある。

しかし、文化財調査のためであっても、滑走路に立ち入ることは米軍が許さず、調査は限られた範囲にとどまっている。また、市では、返還後の跡地利用計画の作成を進めており、そのためには、地下の水脈なども把握しておかなければならないが、そうした調査のための立ち入りも米軍は認めない。これが跡地利用の計画づくりの支障のひとつとなっている。

ところで、市役所の片隅に、ジオラマが置いてあるのを見つけた。普天間基地返還後の跡地利用計画を示すものだが、これは市が独自に（地権者の意見を取り入れることなく）作成した計画であったため、採用されなかった。普天間の地権者（地主）の数は次第に増えてきており、今や三四〇〇人以上にのぼっている。その人たちの意向を抜きには跡地利用計画は進められない。

地主のなかには資産として購入している人もいる。確実な収入と値上がりが期待できるからだ。地元に住む知人のひとりも、そのように考えて基地内の土地を購入したという。「沖縄は豊かだよ。軍用地料（土地の賃貸料）があるから」。こういう人は、基地の返還に関しても、もとからの地主とはちがう考えを持っているかもしれない。

現在の市庁舎は基地の北側にある野嵩ゲートからほど近い場所にあるが、このあたりは一度は基地に接収され、のちに返還された土地である。市役所のほかに、文化会館や水道局、消防署など、宜野湾市の主な施設が並んでいる。市役所の屋上からも基地がよく見えるようだが、残念ながら、屋上に上がる機会はなかった。

米軍基地は沖縄最大の社会問題にして政治課題であるにもかかわらず、自治体の立ち入り調査もむずかしければ、マスメディアの取材も容易ではない。

宜野湾で暮らして一カ月ほどしたころに『沖縄タイムス』にわたしのインタビュー記事が掲載されたことはすでに述べたが、その紙面に使われた写真（本書カバーの著者紹介欄に転載）は、市役所から歩いて一五分ほどのところにある民家の屋上で撮ったものである。沖縄では三階建ての民家もめずらしくないが、ここの屋上からは特に基地がよく見える。オスプレイの配備からしばらくのあいだ、『沖縄タイムス』の記者が毎日、交代でここに詰めてオスプレイの離着陸と飛行の様子を取材（むしろ監視というべきか）していた場所である。ねばり強い取材と記録を地元紙は続けているが、そのために訪れる記者のために家主が開放してくれているのだという。

わたしもフェンスのまわりを歩いて、基地がよく見える場所をいくつか見つけたが、わたしの知るかぎりここが最高の場所だろう。旧知の記者に頼んで連れてきてもらったのだが、基地全体がよく見渡せるので、思わず「絶景だね」と口にすると、こういうのを絶景と呼ぶのか、とにらまれてしまった。

もう一カ所、反対側、つまり、わたしが暮らしたアパートのある基地の南側にも、基地内がよく見える場所がある。こちらも民家の屋上なのだが、屋上にある水のタンクのそのまた上に設置された取材（監視）場所である。かつて水不足に悩まされた沖縄では、アパートなどの集合住宅だけでなく、一戸建ての個人住宅でも屋上にタンクを設置しているのをよく目にするが、このお宅もそうしていた。そこが屋上なのだが、さらにその上に、火の見やぐらのようなものが設置されている。これは取材に訪れる記者のために、家主が費用も負担してわざわざ設置してくれたのだという。わたしが本土から来たジャーナリストを連れていったときも、こころよく上がらせてくれた。感謝と敬意をこめて記しておきたい。

基地問題への対応

基地対策部局

住民が基地内に立ち入る場合に基地との取り次ぎをしている基地渉外課は、それ以外に、基地被害の調査や基地返還の促進に関して国や県との調整も行っている。かつては企画部に属していたが、現在では、基地跡地利用課とともに基地政策部に置かれている。基地政策部の前身を少したどってみると、一九九五年に企画部基地渉外課が設置され、その後、基地政策室を経て二〇〇〇年に基地政策部となった。基地跡地利用課は基地政策課から二〇〇二年に変更されたものだが、二〇一四年四月からは「まち未来課」となっている。

基地政策部には、正規職員のほかに嘱託や臨時職員も含めて一〇人ほどがいる。人口一〇万人足らずの宜野湾市にとっては、かなりの数の職員を基地問題に割り当てているといえるだろう。宜野湾市にとって普天間基地は広さのわりに経済性が悪く、基地からあがる収入は基地外の土地に比べてはなはだ低いことを考えればなおさらである。

普天間飛行場のほかにも、キャンプ瑞慶覧内の一部（約五二ヘクタール）が宜野湾市内にある。「西普天間住宅地区」と呼ばれているその地域は、もともとの予定よりも遅れているが、二〇一五年三月までに返還されることになっており、現在は市が作成した「瑞慶覧地区跡地利用基本計画」に沿って返還後の利用の準備が進められている。ちなみにキャンプ瑞慶覧の宜野湾市分の地権者は六〇〇人ほどである。

『宜野湾市と基地』

普天間爆音訴訟の原告団長をつとめている島田善次氏によると、宜野湾市に移り住んで、基地のあまりの騒音に耐えかねて市役所に訴えたが、「基地は金のなる木」という姿勢の市長だったため、相手にされなかった。そのときどきの市長によって対応も異なるのだろうが、宜野湾市では一九八四年以降、何度か『宜野湾市と基地』という報告書を発表している。一九八四年当時の安次富盛信市長は次のように言っている。

基地から生じる諸問題は、市民生活に大きな影響を及ぼしており、市民の安全でより良い生活環境の確保のため、国や県・米軍に十分な対策を求めるとともに市議会、市民及び関係機関と連携して対処していく所存であります。

この当時にはすでにこのように問題として基地は認識されていた。当時の宜野湾市では企画調整部企画課に基地対策係が置かれており、基地問題を担当していたが、同報告書は、「近年、普天間飛行場の移設については市をはじめ、県においても強く取り上げられ、県政の大きな課題に発展しており、同基地の移設は、国・県の責任において解決するよう強く要請して」きたという一方で、基地を「広大な開発余力を残した地域」と捉え、「移設問題については、市民の意見を積極的にすいあげ、併せて軍用地主の利益を守り、優先する立場からその合意を図って」いくとしている。

また、「市の中央部に位置し滑走路が住民地域である東西に延びた飛行場で一日に数十回という離発着及び住民地域上空での旋回飛行訓練を行っている状況」を憂慮している。その背景には、沖縄各地で起きている航空機の墜落などの事故がある。この報告書が出される二年前には、ヘリコプターが普天間第二小学校から二〇〇メートルのところに墜落した。市はこれに強く抗議をし、事故原因の調査の公表、住宅区域上空での飛行中止、午後八時以降のエンジン調整および飛行の中止を求めた。

騒音についても、「常駐している米軍ヘリコプター及びその他の航空機又は、他の米軍基地から飛来するジェット機、プロペラ機による騒音」を取り上げ、「昼夜の別なく大型航空機の離着陸訓練、ヘリコプターの市街地上空の旋回訓練をはじめ、夜間のエンジン調整によるもの」など、今日と変わらないようすが、騒音測定の結果のデータとともに、くわしく記されている。

基地で働く従業員数の推移を見ると、普天間では、復帰の年の一九七二年の三七三人から一九八三年の一七〇人まで、ほぼ一貫して減少傾向にあることがわかる。そして、普天間飛行場の地主は、一九七八年一〇月現在で、市内に一五八三人、市外に一一五人のあわせて一六九八人であり、地代は一七億八四〇〇万円あまりであった。なお、地主会は一九五二年六月に結成されている。

わたしの手元には一九八四年版のほか、一九八八年版と一九九三年版、および最新版の二〇〇九年版があり、本書の執筆に役立っている。二〇〇九年三月に発行された最新版は二〇〇ページにのぼるもので、沖国大へのヘリ墜落事故の写真も多く、また、基地返還や返還後の跡地利用に関する宜野湾市の取り組みもくわしく紹介されている。約三〇〇〇リットルのジェット燃料が漏れ出た事故が起こったのはこの年の三月三日のことである。土壌や地下水の汚染が心配されるが、県や市に連絡が入ったのが事故から二日たってからだったというのも問題である。土壌を汚染するジェット燃料のほか、洗剤や油が漏れる事故が沖縄の本土復帰後だけで二〇件以上起きている。

二〇〇九年版が充実した報告書となったのは、当時の市長が伊波洋一氏だったことが大きいだろう。伊波氏は二〇〇四年、〇五年、〇八年にアメリカのワシントンやハワイを訪問して、連邦議会議員、国務省、シンクタンク、さらには太平洋軍司令部などを精力的にまわって普天間基地の閉鎖・返還を訴えた。また、『宜野湾からのメッセージ』『海兵隊航空基地普天間飛行場の危険性除去および早期返還について（要請書）』といったパンフレットや『八万九千人の願い』『普天間飛行場の危険性』と題するＤＶＤを日英両言語で作成している。

現在の佐喜眞淳市長のもとでは、こうした活動や報告書は期待できない。

郷友会

公民館と郷友会

字宜野湾の公民館の前に「昭和拾九年当時の字宜野湾地形図」が展示してある。これを設置したのは字宜野湾郷友会である。この郷友会は沖縄独特の発展をとげたもののようだ。そもそもは沖縄各地から那覇などに出てきた同郷の人たちがつくったのが郷友会であって、「郷里から出てきたものどうしの助け合いと親睦を目的とした組織」である（戸谷修「心のふるさととしての郷友会――その構造的特質と機能」『青い海』一九八二年十二月）。

しかし、ここ宜野湾では少々事情がちがう。すでに述べたように、沖縄戦の際にこの地域の住民は米軍が設けた収容所に強制的に入れられ、戦後二年を過ぎたころに元の地域に戻れるようになったが、そのときにはすでに、かつての家も土地も基地に奪われたあとだった。かつての宜野湾のおよそ七割が基地に消え、しかたなく基地の外の居住が許された土地で新たな生活を築くほかなかった。宜野

公民館前に展示されている昭和一九年（一九四四年）当時の地形図（筆者撮影）

湾部落の住民の大部分は、こうしてかつて農地だった場所に新たな居住地を形成していった。「我がふるさとは基地のなか」というわけである。「異郷の地にあって故郷を同じくするもの同士の組織体」である郷友会が「故郷」をすぐ目の前にしてつくられた（石原昌家「我がふるさとは基地のなか――宇宜野湾郷友会のこと」『青い海』同前）。

集落のほとんどを基地に奪われた宜野湾では、共同で井戸を掘り、生活道路を建設して新たな村をつくり始めた。一九四八年八月ごろまでには、二〇〇戸、七〇〇人ほどの部落が形成された。戦時中は約二八〇戸だったというから、かなりの〝復旧〟ぶりといえる。しかし、地代（賃貸料）が払われるようになるのは、一九五一年九月に結ばれた対日平和条約（サンフランシスコ講和条約）が発効したのちの一九五二年一一月以降のことである。この条約の第三条によって、沖縄は日本から切り離され、アメリカの施政権下に置かれていた。

その後、沖縄が本土復帰したころから、字有地の管理や伝統行事の保存を図るために郷友会をつくろうという機運が宜野湾でも高まり、復帰から六年を経た一九七八年七月に会則、事業計画などを定め、字宜野湾郷友会が発足した。「字宜野湾という行政区を持ちながら、そこを母体に郷友会設立となると本来の郷友会の言葉のもつ意味からして矛盾を感じないでもなかった」という。それでも、設立に踏み切ったのは、次のような思いからであった（字宜野湾郷友会『ぎのわん』）。

私たちの旧居住地は、目の前に鉄条網が張りめぐらされ、自由に出入りできない広大な飛行場のなかにあり、そこには先代から引継いだ諸々の有形、無形の貴重な財産がある。これを引継ぎ守っていくことは、私たちに課された大きな使命である。

軍用地の地代はかつての字有地に対しても払われるが、字有地は法的には認められていないため、旧部落幹部数名の名義でこれを受け取ることになり、自治会とは別の特別会計にして蓄えておいたのが郷友会の設立に役立った。

宜野湾郷友会の会長に話を聞くことができた（二〇一四年一月七日）。会長によれば、かつて宜野湾村（現宜野湾市）の中心だった字宜野湾では、旧字有地からの軍用地料収入も豊富にあり、それを利用して会は活発に活動している。活動の中心は祈願行事だが、敬老の祝いや青年の祝いなどの行事のほか、奨学金の貸与、公民館でのパソコン教室と活動は実に多彩である。そのパソコン自体も郷友会が費用を負担して提供している。伝統の綱引きも復活させ、自治会の行事として行っている。毎年、三〇〇〇万円から五〇〇〇万円をこうした自治会の活動などに出しているという。

一方、宜野湾市内には、基地内に軍用地を持たない自治会もある。そういう地域の自治会長にも話を聞く機会があったが、字宜野湾の郷友会が豊富な資金を自治会に出していることについては、正直にうらやましいと言っていた。

普天間基地の危険性の象徴として、マスメディアにしばしば登場するのが基地の北側に位置する普天間第二小学校だが、騒音となると、反対側の上大謝名地区がよく取り上げられる。わたしのアパートからほど近い上大謝名公民館は滑走路の延長線上にあり、離着陸（わたしがいたあいだは主に着陸）に際しては、文字どおり頭の上を通過する。七〇〇世帯、一六〇〇人からなる上大謝名自治会は、宜野湾市内の自治会としてはかなり小規模なほうだが、高齢化率は最も高い。区域内の住宅事情もあって、人口の増加は見込めないようだ。公民館の土地は借地で、建物は市の名義になっているが、運営は自治会が行っている。二〇一四年夏から建て替え工事が始まった。隣接する土地も市が買い上げて公園にする予定になっている。ここには字有地はなく、したがって軍用地料も入ってこない。清明祭で基地に立ち入りを求める人もわずかとあって、基地とのかかわりはもっぱら危険と騒音ということになるこの上大謝名地区あたりは、最も騒音の高い区域に指定されている。

滑走路へと向かう進入灯のすぐ近くにある公民館をたずねて、自治会の役員に話を聞いたところ、やはりこの地域の人びとは日々、騒音に悩まされているという。高齢者のなかには補聴器を使っている人もいるが、ジェット機が飛来するときは頭が痛くなるので、早めにはずすようにするなど、自分なりの工夫で乗り切るようにせざるをえない。住宅の防音工事への助成は、一九八三年以前から住んでいる人に限られているが、それは「騒音を承知のうえで引っ越してきた」という政府の理屈による。新たに越してくる人には、住宅の新築にあたって建築許可を受ける際に高さ制限の説明はあるが、騒音についての説明はない。二〇〇四年の沖国大へのヘリ墜落を目撃した子どものなかには、そのときの恐怖がトラウマとなって、花火ができなくなった子もいたという。

話を字宜野湾に戻そう。宜野湾公民館前に郷友会が設置した一九四四年当時の地図には、村役場、学校、郵便局、駐在所、村営屠殺場などの公共施設のほか、すべての住宅が描かれている。だれがどこに住んでいたか、さらにその屋号まですべてわかっている。家の構えや豚小屋までは、さすがにすべてを把握できていないが、それでも全体の三分の二ほどはわかっている。郷友会ではこれをジオラマにして再現しようと、すでに業者に依頼している。また、郷友会館も建設しようとしている。こちらもすでに八〇坪の土地を購入済みだという。二〇〇〇坪あまりの旧字有地から入る地代は、自治会の活動などに拠出してもなお、一億円を大きく超える預金をたくわえている。法人化も検討中だとのことである。

宜野湾は旧宜野湾区域のほぼ七割を普天間基地に奪われたが、宜野湾と同じく松並木街道沿いにあった神山部落は、全域が基地に消えた。戦時中の一九四二年には八四世帯、四六七人を数えた神山の住民は戦後、愛知区域内に住み、約三〇戸で新たな神山をそこに築き、郷友会を結成した。こうした郷友会は宜野湾市内に一二ある。

郷友会誌

字宜野湾郷友会では、結成から一〇年後の一九八八年に郷友会誌を発行した。九年の歳月をかけて完成にこぎつけた『ぎのわん』と題するその会誌は、地形や地質に始まり、石器時代にまでさかのぼって歴史が記されており、八七八ページという大部のものである。また、この郷友会は二〇〇八年には『じのーんどぅむら』という写真集まで出している。A4判で三四〇ページという立派なものだが、これも豊富な資金と会員の熱意の賜物といえよう。

『じのーんどぅむら』の表紙

宜野湾以外にも郷友会誌を出しているところがある。それらの郷友会誌からほかの地域のようすも見てみよう。

字宜野湾の少し北に位置していた新城もかつては緑におおわれた地域であり、集落は松並木の西側に広がっていた。沖縄戦では、三〇〇人ほどの住民のほとんどが地下に広がる洞窟に避難し、犠牲者を出さずにすんだところである。ここでも「思っていたよりアメリカ兵は私たちによくしてくれた」という証言があるが、それでもその後は苦難の歴史を刻むことになったことはいうまでもない。文献上でも一七世紀に登場するという歴史を持つ新城の大半は、基地にのみこまれてしまった。その後、一九六四年に市の区画編成によって新しい新城自治会が誕生し、同じ年に郷友会を結成した。一九九三年にはささやかながらも郷友会の集会所も建設している（『新城郷友会誌』二〇〇〇年）。

旧神山地区の人たちは、復帰に先立つ一九六八年に郷友会を結成し、七〇年にやはり軍用地料の預金を元手に約五〇〇坪の土地を購入し、郷友会事務所も建設した。事務所の前には、宜野湾公民館と同じように、一九四四年三月当時の神山集落の見取り図が掲示してある。区域のほぼすべてが基地にのみこまれた神山は、今ではその地名も消えてしまったが、それでも、隣の愛知区の公民館前には「宜野湾市　愛知・神山　愛知区自治会」というのぼりが立っていた。今ではこうしたところにわずかに神山の名前が残っているだけのようだ。この神山も字誌を発行している。そのなかに次のような一節があった。「軍用地主は軍用地料で潤うようになり、街の形態や経済は基地と深く係わりをもつ、いびつな復興になった」(『神山誌』二〇一二年)。

軍用地料

元の字有地の賃貸料(軍用地料)が郷友会の活動を支え、字宜野湾で見られたように、地域の自治会の活動などにその一部が活用されている。これなどは軍用地料の有効な活用といえるが、軍用地料の異なる側面にも目を向けなければならない。

生産の基盤であり労働の場であるはずの土地は、基地に奪われた結果、軍用地料を生み出すだけの場となった。市域全体の二四パーセントを占め、東京ドーム約一〇〇個分の広さ(約四・八平方キロメートル)の普天間飛行場で働く日本人は、二〇〇人にも満たない。これでは生産の場とはいえない。

軍用地主のなかには、多額の地代が入るために、仕事をしないで遊んでいる人もいるという。基地の多い地域でよく耳にする話である。本土では見られないような、大型ショッピングセンターと見まがう大規模なパチンコ屋の類が基地の多い地域では特に目につくような気がしていたが、地元の人もそういっているから、まちがいないだろう。基地の多い中部地域でタクシーに乗ったときのことである。基地の前を通りすぎながら、運転手がこんなことを言った。「お金というのは、自分が働いた分だけでいいです。それで生活するのが人間というものですよ。若いのに高そうな腕時計や指輪なんかはめちゃって、朝からパチンコ屋に行く人を乗せることもありますけど、ああいうのはどうなんですかねえ。相続でもめることも多いみたいですよ」。

わたしを本土から来た人間と知りながら、いや、知っていたからこそ、あえて言ったのかもしれない。宜野湾ではないが、多額の軍用地料が入るために働かないで昼間からぶらぶらしている大人たちの姿を子どもに見せたくない、という理由で、そういう地域から出ていった人を何人も見ている、と地元の新聞記者から聞いた。

こういう話をどこかで聞いたような気がした。聞いたのではなく、読んだのだったとあとで気がついた。作家の大城立裕は、基地がもたらす問題を次のように指摘していたのだった（大城立裕『私の仏教平和論』）。

アメリカの軍事基地の毒として、三つのことを私は挙げたい。ひとつは、そのなかの従業員がどんなに努力しても、出世するのに限界がある、ということである。二つには、仕事が生産につながらない、ということである。生産につながらない仕事は、人間としての誇りを育てることがない。三つには、軍用地料というものが、不労所得である、ということだ。そのように慢性的な、全県的な基地体制が、一種のあたらしい管理社会になったということは、言えると思う。

社会の発展を自分たちの手でなしとげつつある、という誇りがここにはない。すべてアメリカの軍事管理の、眼に見えない組織に左右される生活なのだ。はたらき甲斐がない。その一方で、軍用地料という不労所得が、勤労意欲を殺ぎ、かつ搾取の対象にもなりやすい。

大城の一文をあらためて読みなおしているうちに「汗水節」(作詞・仲本稔)を思い出した。昭和の初めに公募によってつくられた沖縄民謡のひとつである。その一節は、こう歌っている。

汗水ゆ流ち　働ちゅる人ぬ　(汗水流して働く人の)
心嬉しさや　他所ぬ知ゆみ　(心の嬉しさは　働かない者にはわかるまい)

「中部から人材が輩出されないのは軍用地料がある故、ハングリー精神が失われたという反省がある。地料に依存せず、人材育成に生かさなければならない」（宜野湾の軍用地主会長）という厳しい指摘があるが、これも「汗水節」に通じるものがある。

宜野湾市では普天間の跡地利用をめぐる計画づくりを進めているが、その道のりも容易ではなかった。「軍用地主は、むかしはカネのことしか言わなかった。そこで次の世代の人たちを集めて『若手の会』をつくった。そうして、将来のことを話し合うようになってから、風向きが変わり始めた。基地を返還させて、そこに新しい故郷をつくろうと前向きになってきた」と、宜野湾市役所で長年、基地対策に取り組んできた元職員から聞いた。希望の持てる話である。

基地は土地を持つ一部の人びとに経済的利益を運んでくるが、それは同時に毒を含んでいる。沖縄で暮らしているあいだに少しずつ見えてきたのが、基地が沖縄の社会にもたらしているある種のゆがみである。「いろいろお金にまつわるトラブルも多いみたいで、軍用地主さんは、あまり幸せそうに見えない」と、基地の近くで軍用地主から家を借りている女性はいささか地主に同情気味だったが、もちろん、地主に対してはやっかみのほうがはるかに多い。いずれにしても、いい空気とはいえないが、そういう空気が沖縄に流れていることは否定のしようがない。「軍用地料があるから沖縄は豊かだ」と言う人もいるが、この人は資産形成を目的に基地の土地を購入している。少なくともその程度には暮らしに余裕のある人なのだろう。

沖縄の米軍基地は、日本の安全保障の問題であり、沖縄経済の問題でもあるとともに、沖縄社会の問題にもなっている。米軍基地が日本の安全保障に寄与していることは否定しないが、しかし、基地の大きさがそのまま安全への貢献の大きさではない。さらにいえば、駐留する兵士の数がそのまま、安全保障に必要な数だというわけでもない。

経済的な利益が一部の人にあろうとも、社会をゆがめてまで維持するだけの価値があるのか。そうまでして維持する価値のある基地や部隊はどれなのか。安全保障の問題というのなら、こうしたことがきちんと議論されなければならない。

6——基地経済の実態

基地経済の不経済

「ひずみの構造」

米軍基地と沖縄経済の関係はどうなっているのか。地元の大学でさえ「今でも沖縄はかなりの程度基地に依存していると勘違いしている学生が多い」というほど[1]、沖縄経済は基地に依存していると受け取られている。沖縄の大学生のあいだでさえ、こう信じられているのだから、本土の国民の多くがそういう印象を抱き

1　沖縄国際大学経済学科編『沖縄経済入門』はしがき。

続けていたとしても無理はない。沖縄県も、これは誤解であり、その誤解を正すことが基地問題の解決に向けても必要であると認識しているのだろう。県のウェブサイト内には「沖縄振興Q&A」というページがあり、そのなかで次のような説明がなされている。[2]

基地経済への依存度は、昭和四七年の復帰直後の一五・五%から平成二三年度には四・九%と大幅に低下しています。

米軍基地の返還が進展すれば、効果的な跡地利用による経済発展により、基地経済への依存度はさらに低下するものと考えています。

アメリカの施政下に長く置かれていた沖縄は、本土に比べ社会資本の整備が大きく遅れていた。アメリカによる沖縄統治は基地を最優先するものであり、その政策はすべて基地を維持するためのものだったといっても過言ではないからである。そこで社会資本や開発の遅れを取り戻すために、沖縄返還後、日本政府は三次にわたる沖縄振興開発計画とその後の沖縄振興計画によって、集中的に予算を投入してきた。その額はこれまでの総額で一〇兆円にのぼる。こうした集中的な政府予算に対しては、歴史的経緯と事情を理解しつつも、沖縄を特別扱いしすぎ

2 沖縄県企画部企画調整課〈http://www.pref.okinawa.lg.jp/site/kikaku/chosei/press/okinawasinkou.html〉。

ているのではないか、という見方も本土の一部にあることを沖縄県も承知している。「沖縄に対しては、国庫支出金や地方交付税により他都道府県と比較して過度に大きな支援がなされているのではないですか」という問いに対する答えとして、次のような説明がある。

国からの財政移転（国庫支出金＋地方交付税交付金）は全国一七位となっています。

人口一人当たりの国からの財政移転（国庫支出金＋地方交付税交付金）は全国六位となっています。

沖縄が突出して政府予算の配分にあずかってきたわけでないとしても、手厚い保護の下にあることは確かである。揮発油税や酒税をはじめ、いくつもの特別扱いがある。そうした措置によって、たとえば本土とのあいだの航空運賃も安くなっており、観光の振興にも役立っている。しかし、本土から遠く離れ、市場規模も小さいことなどから、本土のような第二次産業を中心とした高度経済成長もなく、政府の経済政策の効果はかなり限定的なものにとどまった。そして、「特に都市部における米軍基地の存在が地域振興の大きな障害となっている」とされている。とりわけ宜野湾のように、沖縄の中心地である那覇からほど近く、人口増加の著しい市の真ん中にある普天間基地が「発展の阻害要因」であることは誰の目にも明らかであろう。こうした結果、沖縄の経済は、公共事業、観光、基地が三本の柱であるとして、その頭文字を取って「3K」と呼ばれることもある。

では、沖縄の経済は、米軍基地に依存しているといえるのだろうか。基地関連収入が県の経済に占める割合は、五パーセント程度で推移している。軽視できるほど小さくはないが、依存しているというほど大きいわけでもない。それでも「沖縄は基地で食っている」という「誤解、幻想は県内外で今なお根強い」ので[3]あり、こうした誤解がいつまでも続いていることが、沖縄の基地問題に対する本土の国民の誤解や無関心を助長する要因ともなっている。ここに大きな問題がある。基地は沖縄の経済にひずみをもたらしたが、今や沖縄経済論にひずみが生じている。これは基地そのものというより、沖縄を語る人の責任である。

「経済復興をする場合、国内産業の保護政策を取り、製造業を育てるのがオーソドックスなやり方。しかし沖縄は基地建設を最優先とし、物資は輸入で賄い、雇用、商業、建設業とも基地なくしては成り立たない構図にした」として、沖縄経済を「つくられた基地依存型輸入経済」と呼ぶのは、沖縄経済史に詳しい牧野

3　琉球新報社編『ひずみの構造』二ページ。

浩隆・元副知事である[4]。長いあいだ国内産業の保護政策によって高い関税を維持してきた日本本土と異なり、沖縄ではそのような政策は採られなかった。そのため、海外品が大量に入り、そのようになったというのである。戦前は本土以上に農業社会であった沖縄では、戦争で焼け野原になったうえに、土地を米軍基地に接収され、産業は壊滅した。そこへもってきて、大量の輸入品である。経済の素人でも結果は容易に想像がつくというものだ。

さらに、沖縄の米軍基地は民有地の割合が三割強と高い。地主は日本政府を通じて米軍に土地を貸し、その地代を受け取っているが、ここにも大きな問題がある。「軍用地主は軍用地料で潤うようになり、街の形態や経済は基地と深く係わりをもつ、いびつな復興になった」とは、前章で紹介した宜野湾市の神山郷友会誌に見られる記述であるが、その「いびつな復興」の結果のひとつと考えられるのが、県民所得は全国最下位であるにもかかわらず、年収一〇〇〇万円以上の人の割合は全国で上位に位置し、住宅地の平均価格は全国で一〇番目の高さというものであろう。こうした矛盾した状態が生まれていることは米軍基地の存在が深くかかわっているが、軍用地料が沖縄の経済と社会にもたらしている問題には、いまだ本格的なメスが入れられていないようである。

後に述べるように、歴史的経緯から、軍用地料は経済原則から考えられる額を

4 琉球新報社編『ひずみの構造』四七―四八ページ。

大きく超える高い水準にあると指摘されている。それが狭い沖縄に大きな米軍基地があるという事情とも相まって一般の地価の上昇圧力として作用する。こうして、沖縄の高い地価は、軍用地主のふところを温める一方で、経済発展の阻害要因ともなる。そして、前章の最後で引用した大城の批判のように、「不労所得」としての軍用地料が人びとの勤労意欲を削ぎ、産業発展の足を引っ張ることにつながっている。

「イモとハダシ」論

沖縄の経済と基地との関係について、沖縄経済研究の第一人者である来間泰男・沖国大名誉教授の分析を見てみよう。沖縄経済は日本への復帰を境に基地依存経済ではなくなった。一九五五年には沖縄経済の基地への依存度は二五パーセントであったが、復帰の年にはすでに一〇パーセントを切っており、現在では五パーセント程度にまで低下している。「基地がなければ沖縄経済は成り立たない」という俗論が振りまかれたりするが、そうではない[5]と、基地依存経済という「誤解、幻想」を来間氏もきっぱりと否定している。

沖縄経済と基地の関係といえば、かつてフェルディナンド・アンガー高等弁務官（在任一九六六－六九年）が唱えた「イモ・ハダシ論」がある。アンガーが「今

5　来間泰男『沖縄の米軍基地と軍用地料』一〇九ページ。

日の沖縄の経済的繁栄は不安定な基盤の上に根ざしているものであり、かりに軍事基地が大幅に縮小ないし撤去されるようなことにでもなれば、琉球の経済は、サツマイモと魚に依存したハダシの戦前の経済に逆戻りすることになる」と述べたのは、沖縄の本土復帰前の一九六八年八月のことである。その直後に、後に沖縄県知事になる西銘順治が、嘉手納村長選挙の応援演説で有権者にこう呼びかけた。「生活が向上したのは基地収入のおかげである。基地がすぐなくなると、県民の六〇%は路頭に迷い、再び戦前のようにイモを食い、ハダシで歩く生活に逆もどりする」[6]。

確かに一九六〇年代ともなれば、沖縄の経済は、したがって沖縄の人びとの生活は、かなりよくなっていただろう。米軍基地からあがる収入がそれに貢献したことを否定することはできない。しかし、だからといっていつまでも基地を維持し、それに依存することが望ましいかどうかは別の問題である。また、基地経済の〝副作用〟にも注意の目を向ける必要があろう。アンガーはともかく、知事になろうという西銘にそれがわかっていなかったとは思えない。

もっとも、かつては基地への依存は三〇パーセント程度と高めに見られていたと来間氏は言う。復帰前の一九五〇年代から六〇年代にかけて、来間氏の見積もりでは約二〇パーセントから一三パーセントへと低下した。そうであれば、「基

6 鳥山淳編『イモとハダシ』七二、九九ページ。

地がすぐなくなる」ような事態が現実に生じたとしても、はたしてアンガーや西銘が言ったように「イモとハダシ」に逆戻りするほどの壊滅的な事態に至ったであろうか。

来間氏の研究によれば、米軍による占領初期の「援助経済」が一九五〇年前後から「基地経済」へと移行し、さらに一九六〇年ごろに転機があった。このころからは基地に寄生する経済ではなくなったという。そして、一九八〇年前後には基地依存度は四・四パーセントにまで低下したというのが来間氏の見解である。[7]以来、三〇年あまりにわたってこの水準で推移してきているという。

このような来間氏の見立てによっても、復帰後の沖縄はもはや基地依存経済ではない。それでも基地依存という「誤解、幻想は県内外で」今なお根強く残っている。それはなぜか。

そういう誤解が広まっていることが日本政府にとって都合がいいということも理由のひとつなのではないだろうか。一九九五年の少女暴行事件以降の政策を見ると、政府はカネで基地を維持しようとしてきている。政府が撒くカネを沖縄に受け取らせ、それによってだまらせるには、沖縄経済は基地に依存しているという〝神話〟は都合がいい。沖縄は基地に依存しているのだから、基地が引き起こす問題の代償として少々余分にカネを出すことで片付くのならば、本土の国民に

7 来間泰男『沖縄経済論批判』一四六―一四七、二七三ページ。

とっても都合がいい。それ以上、沖縄のことを考えなくてもすむからである。

ここでいうカネとは、高額の軍用地料を含む国の財政支出である。本土復帰以来、「沖縄振興開発計画」が進められてきたが、普天間問題が浮上して以降は、基地維持と移設を受け入れさせるために設けられた各種の補助金がある。基地との関連があろうがなかろうが、政府から出るカネはすべて基地と引き換えであるかのように思わせようとする政府や政府の立場に近い大手マスメディアが発する情報も含めて、基地依存神話を持続させるいくつもの装置がある。

もっとも、そうした意図をもって投下されるカネや情報も、受け取る側がいなくては機能しない。政府の財政支出をあてにし、軍用地料に依存する人たちが沖縄にいてこその話である。そして、くりかえすが、これが本土の国民の「誤解、幻想」を支える基盤ともなっている。

地主・雇用・跡地利用

地　主

宜野湾市内を歩いていると「軍用地買います」という看板をよく見かける（写真）。当然、宜野湾だけではないだろう。新聞にも軍用地買い取りの広告は毎日のように載っている。米軍基地の約八七パーセントが国有地である本土とは異なり、約三分の一が民有地という沖縄では、それだけ軍用地ビジネスが盛んに行われているということだ。日米安保条約に従って日本政府は米軍に基地（施設・区域）を提供しているが、その土地が国有地でない場合は、地権者（地主）と賃貸借契約を結んで国が米軍に提供する。その土地が売買されて持ち主が代わろうと、米軍は日本政府から無償で借りているのだから何の不都合も生じない。他方で、確実に収入が見込める安定した商品として、軍用地の人気は高い。さらに、この一〇年ほどのあいだに、県外在住者が沖縄の軍用地を買う例が増えている。地元の不動産業者も力を入れており、すでに面積にして七パーセントほどの所有

（筆者撮影）

者が県外在住となっている。

軍用地とその地主の関係を見ておこう。ほとんどの軍用地は米軍によって強制的に接収された。生活の糧としての土地を奪われた地主はその後、苦難の生活を強いられたが、一九五二年四月に対日講和条約が発効した後、地代を受け取ることができるようになり、今日にいたっている。その歴史を来間泰男氏は「軍用地主の一代記」として次のように整理している。▼8

①戦後初期の一四年間（一九四五〜五九年）は地主の受難時代であった。家と屋敷はなく農業もできない。慣れない仕事に従事して、さまざまな辛酸をなめながら、どうにか生き抜いてきたという人生だったに違いない。
②一九五九年に地料が経済的な水準（あるいはそれ以上）に引上げられたことで、状況は変わった。すでに苦しいながらも人並みの生活ができつつあったところに、プラス・アルファとしての軍用地料が入るようになったのである。土地を取られた人と取られなかった人との立場が逆転しはじめた。
③一九七二年に復帰して地料は大幅に上がったし、かつ上がり続けている。こうして、軍用地地主とその他の人々との立場は、さらに転回した。今や、軍用地地主が圧倒的に有利な立場にたった。その額は通常のボーナス

8　来間泰男『沖縄の米軍基地と軍用地料』六九ページ。

をはるかに超える大きな額となり、ぜいたくの財源としての性格が強まっている。一九九五年の少女暴行事件に抗議する県民大会に「基地の返還につながっては困る」として不参加を表明したのが、団体としては土地連（軍用地等地主会連合会）だけだったことも、この状況を背景にしている。

ここにほぼ言い尽くされているが、少し補足しておこう。講和条約発効までは地代は一切支払われなかった。戦時中の占領がそのまま続いているとされたからである。講和によって法的な意味での戦争の終結をむかえ、沖縄に対する日本の「潜在主権」を認めた後は、米軍はわずかながら地代を支払うようになった。しかし、その金額のあまりの低さに地主の大半は契約に応じなかった。このころの地主の生活は厳しかったにちがいない。そのうえ、米軍が一括支払いという名の実質的な買い上げによって基地の永続化を試みたことが、沖縄住民の大きな反発を買った。こうして一九五〇年代後半に起きた「島ぐるみ闘争」と呼ばれる土地をめぐる激しい闘争の結果、地代は大幅に引き上げられた。それが先の②の時期であり、一九七二年の施政権返還までこの状態が続いた。ただ、「島ぐるみ闘争」の際に地主たちは要求を地代に集中させた結果、地代を引き上げることに成功したというだけでなく、「本来の地代のほかに生活補償の要素が入ってしまった」。今日に続く問題は、ここに端を発する。強制的に取り上げ、それまではまともな地代を払わずに使用してきたのだから、その分の後払いというのなら理解できる。来間氏によれば、それにとどまらず、その後、経済的に適正な水準を超えて高く設定されることになったというのである。

その後、復帰に際して、日本政府は賃貸借契約によって基地を維持する必要があったため、初代沖縄開発庁長官となる山中貞則をはじめ沖縄に強い思い入れを持つ政治家の意向もあって、経済的な適正水準を超える額になる。地主の要求を受け入れて、地代はさらに一挙に四倍に引き上げられた。名目上は四倍であったが、「実質は六倍ないし八倍に引き上げられた」(来間)。同じ広さの土地を持って働いている農民の何倍もの収入が、日本政府を通じて米軍に貸すだけで、何もしなくても手に入るようになった。返してもらってその土地で農業をするのがバカらしくなる額ということである。その後も地代は毎年更新され、土地の市場価格とは無関係に上がり続けている。軍用地主の半数近くが無職で、そのうち四割は働き盛りの三〇~四〇歳代という調査結果もある。[9] ちなみに山中は沖縄の名誉県民第一号の栄誉に輝いている。

軍用地料は経済問題だけでなく、基地を維持するという政治的意味も持っている。川瀬光義・京都府立大学教授(地方財政学)は、これを次のように厳しく断

9　宮本憲一・川瀬光義編『沖縄論』二七ページ。

罪する。[10]

経済合理性ではとうてい説明できないこの軍用地料水準は、明らかに政治的性格を有し、端的にいうと〝賄賂〟というべきであろう。

土地連

軍用地主は市町村ごとに地主会を結成しており、その連合組織としての「沖縄県軍用地等地主会連合会」（略称「土地連」）がある。[11]「地主の権利を保護する」ことを目的にしている土地連は、傘下に四五の組織（地主会）を抱えており、地主の数は四万五〇〇〇人にのぼる（二〇一三年三月）。

それにしても、沖縄に生まれ、沖縄の大学に長く勤め、「基地と経済」という科目を担当してきた来間泰男氏でさえ、「軍用地料を受け取っている地主たちの団体である『土地連』を批判することが、この沖縄ではなかなかに難しい」と嘆くほど、軍用地主の問題は沖縄ではタブーに近いものになっているらしい。

来間氏はなぜ、土地連を批判するのか。一九七二年の日本復帰後、大幅に引き上げられた地代は、バブル経済の崩壊やリーマンショックなどによる地価下落もどこ

10　宮本憲一他編『普天間基地問題から何が見えてきたか』一一九ページ。

11　土地連は、一九五三年六月に「市町村軍用土地委員会連合会」として結成され、その後、名称変更や法人格取得等を経て、二〇一四年四月から一般社団法人となっている。中頭郡北谷町のキャンプ桑江の返還跡地に土地連会館（敷地面積四五〇坪、延べ床面積三〇〇坪）を構えている。土地連ウェブサイト〈http://www.okinawa-tochiren.jp/〉参照。

吹く風とばかりにその後も上昇を続けてきた。二〇一一年には、政府との賃貸借契約期限切れが近づき、契約を更新する必要があった。そこで土地連は同年三月の総会で、約二倍への大幅増額を求めたのである。軍用地主の大半は土地連に加盟しているが、一方、大規模地主を中心として二〇〇〇人ほどが土地連に加盟せずに、防衛省沖縄防衛局と直接契約している。一人あたりの地代（平均）は、全体では年間二一八万円であるが、土地連に加盟している地主で約一八五万円、直接契約の地主では八四五万円にもなる。なかには毎年、数千万円を受け取る地主もいる。

軍用地の地代は、総額で見ると九〇〇億円あまりとなり、今や沖縄県全体の農業所得の二倍を超えている。ここを来間氏は問う。[12]

勤労に基づかないという意味で「不労所得」である軍用地料が、勤労に基づく農業所得よりはるかに優位に立つという、この社会のあり方を是とすべきだろうか。

すでに、沖縄には「地主階級」の分厚い層が形成されている。沖縄は、「農業県」であるよりはるかに「軍用地料県」なのである。

はじめは土地を奪われ苦労してきた地主だったが、後に高い軍用地料が入るよ

12　来間泰男『沖縄の米軍基地と軍用地料』八五ー九二ページ。こうした批判に対して、土地連の側は「米軍時代どうだったかということまで比較してもらわないと、今、これだけの地料が上がっていることだけを見て高過ぎると言われてもね。高過ぎるかどうかは当事者で決めることであって、どうして、周囲が他人の地料のことまで口を挟む必要があるか」と不満を述べている。土地連五十周年記念誌編集委員会編『土地連のあゆみ──創立五十年史（通史・資料編）』一二六ページ。

うになったからであろう、いつしか態度を変え、公然と「基地返還反対」を言い出すようになった。「土地連に加盟している地主であっても、以前は、県民世論を配慮し、基地返還に正面から異を唱えることはなかった。軍用地の整理縮小は、動かざる山の如き県民世論だったのである。ところが、今や、すっかり状況が変わってしまった」と地元紙の記者が嘆いたのは、一九八〇年代半ばのことである。[13]一九九八年の地権者へのアンケートによれば、地代を生活費にあてているため、返還された場合の生活に不安を抱えている地主が約四分の三にのぼっている。また、三〇歳代から五〇歳代という働き盛りのうちの二割が無職ということから、軍用地料に生活を頼っている人の多さが浮き彫りになっている。[14]その後、事態が好転しているとは考えにくい。

そして土地連は「沖縄県軍用地主政治連盟」（略称「地主連盟」）という政治団体を設立して、軍用地料をさらに引き上げるための政治献金をするようになっている。「アメリカ軍基地を残してほしいと積極的に働きかける団体になっている」（来間）のである。こうした軍用地主の存在とそれが社会にもたらしているゆがみを見ると、沖縄社会は深く病んでいるといわざるをえない。

軍用地料が地域社会を蝕んでいる例として「分収金」がもたらす弊害もあげておかなければならない。かつての杣山《そまやま》（入会地）については、それぞれの自治

13　長元朝浩「『土地』をめぐる基地問題」七六ページ。
14　宮本憲一・川瀬光義編『沖縄論』一三二ページ。

体で条例を制定して、自治体に入る軍用地料を一定の割合でその地域（字）に分配している。土地の名目上の所有者は自治体（市町村）だが、入会権を考慮すれば実際には字有地としての性格が強いとの考えからである。海兵隊のキャンプ・シュワブを抱える名護市にとっても、林業は重要な産業であった。[15] 名護市全体では、二〇〇九年度には、一九億円あまりの軍用地収入のうち、約七億五〇〇〇万円が一〇の行政区（字）に入っている。新基地の建設予定地となっている辺野古、久志、豊原の三つの区には、計四億五〇〇〇万円が流れ込んでいる。地主個人に入る軍用地料のほかに、こうして地域にも字単位で巨額の軍用地料が入る仕組みとなっている。先の川瀬氏はこれも「身の丈に合わない」ものと評している。

このように、軍用地料は現在のところ、公正さも公平さも欠く不労所得による既得権益となっている。そのため、沖縄が基地の「返還を本当に望んでいるのか、誤解を招きかねない」という川瀬氏の指摘は的を射ていると思われる。そこで最後に、軍用地料の活用について、その川瀬氏の提案を紹介しておきたい。[16]

大阪西淀川大気汚染裁判の原告が、和解金の一部を基金として「あおぞら財団」を設立し、公害によって疲弊した地域の再生をめざす取り組みを進めていることに習い、軍用地料の一部を基金として積み立て、「基地再生財

15　辺野古も広大な公有林の入会権を有していて、そこからの木材払下げ代金の分収金が主な財源となっていた。豊原区字誌編纂委員会編『名護市豊原誌』一二九ページ。

16　宮本憲一他編『普天間基地問題から何が見えてきたか』一二三ページ。

団」を設立することを提案したい。

これは今後の「基地の跡地利用を住民主体ですすめる上で、重要な役割を果たす」とともに、「基地返還への強い姿勢を改めて示す」ことにもなるという。説得力のある提案である。

軍雇用

雇用の問題は、生活がかかっているだけに、軍用地主とは別の意味で難しい。基地従業員でつくる「全駐留軍労働組合」（全駐労）沖縄地区本部が復帰闘争前に「基地の全面撤去」を方針として掲げたが、一九九七年の大会では「基地撤去」を方針から下ろした。若い世代は、基地を民間より待遇がよく安定した職場と捉えており、自らを否定する方針を維持できなくなったのである。基地問題は雇用と連動させて論じなければならず、雇用対策なくして基地の返還はありえないといってもいいだろう。

地主とちがい、基地に雇用されている人たちは、少なくとも額に汗して働いている。沖縄県が毎年発行している『沖縄の米軍及び自衛隊基地（統計資料集）』によれば、米軍基地で働く従業員は、近年では九〇〇〇人あまりという状態が続いている。ピーク時の一九六七年には約四万人にのぼったが、復帰時には約二万人に減り、その後も減り続けた結果、一九八〇年には七〇〇〇人あまりとなった。その後は「思いやり予算」によって基地労働者の賃金を日本政府が負担するようになったため、米軍は費用を気にすることなく従業員を増やせるようになり、その結果、被雇用者数がやや持ち直している。

『沖縄タイムス』は二〇一二年四月から翌年六月にかけて「基地で働く」という連載記事を掲載した[17]。これだけ基地が多く、また大きい存在であるにもかかわらず、基地労働はほとんど語られることはなかった。八三人の元基地労働者の証言を集めたこの連載は、初めての本格的な報道といえる。

表題のとおり、基地で「働く」ことを主題にしたもので、沖縄戦後史ではこれまで空白に近かった一面である。沖縄戦について体験者の口から語られるようになったのは実は比較的最近のことであるが、つらい体験は口に出せるようになるまでに時間がかかる。基地労働はこれとは異なるが、やはりなかなか口には出せない事情を抱えているために、表に出ることはほとんどなかった。

この企画を担当した記者に話を聞くことができたが、それによると、取材は思っていたよりも難航した。基地労働を語ることの重さがこれほどのものだとは、戦争を知らない若い世代の記者たちにわかっていなかったからだという。

17　同社中部支社による連載記事は『基地で働く』として出版された。

基地労働は公務員よりも待遇がかなりよかったため、花形といっても過言ではない職種であった。そのため、周囲からは憧れの目で見られることもあったが、反面、やっかみもあった。退職した今も、かつて上司と部下の関係にあって対立した人同士が近所に暮らしているなどの地域事情を理由に、取材を断るケースも少なくなかった。「寝た子を起こすな」という空気もある。子どもが基地で働いているというケースもあり、基地内でのことを話すことで報復を受けることを心配している人もいた。そうしたさまざまな事情から、見えない呪縛が退職したのちも相当に強かった。毒ガスなど危険な兵器に関係する仕事に携わった人の場合は、特にそういう傾向が強かった。

それでも最終的に八〇人あまりの人が取材に応じてくれたのは、何とか連載を続けているうちに、「もう話してもいいんだ」という環境ができてきたからだと記者は感じたという。次第に門前払いは少なくなっていったが、それでも自ら名乗り出る人は少なかった。取材には応じたものの、掲載の前日になって「家族や地域の目を考えると、申しわけないが載せないでほしい」と掲載を断られることもあったという。ベトナム戦争時に病院で働いた人だった。[18]

そのほかにわたしの興味を引いたのは、近くにいても、別の部署の仕事についてはほとんど知らなかった人が大半だったこと、間接的にであれ自分の労働がべ

18　担当記者への聞き取り（二〇一四年一月二二日）の最後に、基地労働の次は軍用地主の問題を取り上げた連載記事を提案してみた。さらに、冗談半分に、タイトルは「基地で潤う／基地で躓く」はどうかと持ちかけると、苦笑いとともに「軍用地主の問題は基地労働以上にむずかしい」という答えが返ってきた。

トナム戦争に加担したことを悔いる人が多かったことなどである。
その一方、基地に就職するための予備校まであるほど、今も就職先として人気は高い。

跡地利用

働かなくても働く以上の収入が得られる軍用地主にとって、基地返還とは多大なる経済的損失となるため、返還に反対する地主が多く、「地主たちは土地を利用しようという気もない」(来間)という事情のほかにもうひとつ、魅力のある跡地利用計画ができていない、あるいは計画の実効性に不安があるということも地主が返還に反対する理由として考えられる[19]。

辺野古に新基地を建設するのであれ、県外もしくは国外に移転するのであれ、あるいは海兵隊が日本から撤退するのであれ、普天間飛行場が返還されるならば、その跡地はどうなるのだろうか。本土で普天間の話をすると必ず質問されるのは雇用を含む経済問題だが、わたしはその鍵を握るのは跡地利用計画だと考えている。そして、跡地利用計画を実行に移すには、過渡期の雇用対策もそこに含まれていなければならないだろう。

跡地利用の成功例としてあげられるのは、那覇新都心(おもろまち)と北谷町

19　宜野湾で郷友会の役員に話を聞いたが、やはり地主は経済的損失を心配しており、その懸念を払拭するためにも跡地利用計画が重要だということを強調していた(二〇一四年一月七日の聞き取り)。

の「美浜タウンリゾート・アメリカンビレッジ」であるが、いずれの場合も長い時間がかかっている。

米軍住宅の跡地を再開発した那覇新都心は、返還から二〇年という長い歳月がかかったものの、今や県内屈指の商業地区に生まれ変わった。一九五三年に強制収用され、牧港住宅地区として利用されてきたが、そもそも返還合意から全面返還までに一五年もかかって、五月雨式に返還された。細切れに返還されても再開発は進まない。全面返還から二〇年を経て、沖縄県立博物館・美術館が開館し、「那覇新都心まつり」が開かれるまでになった。今やショッピングセンターなどの商業施設のほか、日本銀行那覇支店やＮＨＫ沖縄放送局などもあり、行政や経済活動の一大拠点ともなっている。[20] 経済効果からいえば、文字どおりケタが二つちがう。基地従業員は一六八人でしかなかったが、今では一万七〇〇〇人以上がここで働いている。[21]

一方、観覧車が目を引くアメリカンビレッジは、公園、人工海浜にリゾートホテル、ボウリング場などの娯楽施設などを含む商業施設が軒を並べている。米軍基地に近いこともあってか、アメリカの雰囲気をうまく取り入れており、全体に若者向きとなっている。一九八一年に返還された後に新たに埋め立てを行うなどして時間を要したが、今では、地元の若者や家族連れのほか、本土からの観光

20　もっとも、新都心の街並みには特段の創意工夫は見られず、本土のどこにでもある殺風景という名の風景を生んでいるにすぎない。この点ははなはだ残念である。

21　沖縄国際大学経済学科編『沖縄経済入門』一七五ページ。

客、米軍関係者とその家族などでにぎわっている。こちらも経済効果は基地時代とは比較にならず、やはりケタがちがう。県の試算によると、返還前の基地関連収入が三億三〇〇〇万円だったのに対し、返還後の経済効果は一七四倍になり、基地従業員が約一〇〇人だった同地区で今や一万人近い雇用を生んでいる。[22]

これらの事例を見ると、基地経済ははなはだ不経済であることがわかる。とはいえ、基地が返還されてもその転換は必ずしも容易ではない。基地の跡地利用に際して最大の問題のひとつは、地権者(地主)の意向をまとめることだが、もうひとつ、土壌や地下水の汚染という難問が待ち構えている。ドイツや韓国では、それぞれの米軍地位協定の改正によって、米軍基地が返還される場合の環境浄化は米軍の責任において行うことになっているが、日本とのあいだの地位協定では、米軍は一切責任を負わずにすむようになっている。普天間のような飛行場の場合、すでに述べたように、航空機の燃料や油などが漏れ出る事故が多く発生しており、土壌汚染が懸念されている。土壌の処理には長い時間と多額の費用を要するため、跡地利用に大きな影響が出ることになる。これも基地がもたらす不経済の例のひとつである。

二〇一二年四月に「沖縄県における駐留軍用地跡地の有効かつ適切な利用の推進に関する特別措置法」(跡地利用推進法)が施行されている。跡地利用のため

22　琉球新報社編『ひずみの構造』一六、八三-八五ページ。このように基地の跡地利用には大きな経済効果が期待できるが、ただし、基地が返還されれば、どこでもこのような大きな経済効果が期待できるというわけではない。これまでに返還された土地のうち、約一三パーセントは利用困難地となっている。笹本浩「新たな沖縄の米軍基地跡地利用推進のための法制度」三四ページ。

に、土壌汚染や不発弾の処理など原状回復を徹底することや公共用地を確保するための土地の取得などにおける国の責任を明記し、あわせて所有者の負担を軽減するための給付金制度の拡充などが盛り込まれている。

宜野湾市の計画

一九九五年五月、宜野湾市議会は、普天間の跡地を「アジアの国際交流拠点」として「コンベンションリゾート・シティー構想や国際学園都市構想と連動させていく計画」であるとして、早期返還を求める決議を採択し、知事に要請した。翌年、普天間の返還が発表されるやいなや、同市議会は、跡地利用を促進するための国の財政支援を求める意見書を国に宛てて送っている。軍用地の返還後、「跡地利用されるまでの期間が二十年以上という長期にわたることから、その間地主は莫大な経済的損失を被っている」ことへの懸念があり、「地主の強い願い」を代弁して「跡地利用されるまでの間、国の責任において完全な補償を行う」ことを要望している。あわせて「駐留軍雇用員の身分保障についても、適切な措置」を求めた。[23]

「沖縄に関する特別行動委員会」（ＳＡＣＯ）の最終報告（一九九六年一二月）を受けて「普天間飛行場の移設に係る政府方針」が閣議決定され、さらに「跡地対

23　宜野湾市議会事務局編『宜野湾市議会史　資料編』七五ページ。

策準備協議会」が設置され、基本方針の策定に向けて動き出した。那覇から一二キロという地理的優位性や比較的平坦な土地の形状など、普天間の特性から考えて、跡地利用の可能性はかなり大きいと思われる。宜野湾では「普天間飛行場の跡地を考える若手の会」が二〇〇二年に発足した。次世代の地権者およびその家族からなるこの会は、普天間飛行場にかかわる一三の字から三六人の代表が集まって活動している。

二〇〇六年二月、宜野湾市は県と「普天間飛行場跡地利用基本方針」を策定した。それによれば、普天間飛行場は「中南部都市圏の中央に位置」するという特性を生かして、「基地によりゆがめられてきた都市構造を再構築するとともに、既成市街地と連携した新たな都市拠点を形成し、宜野湾市が目指す将来都市像を実現する」ことを目標に掲げている。「地権者の土地活用」の意向を重視し、その実現を目指すのも当然のことであるが、同時に「振興の拠点にふさわしい産業」のための環境整備に力を注ぐこととしている。具体的には、リゾートも含めた産業振興の場づくり、伝統的な集落の魅力を取り入れた住宅地づくり、新しい都市拠点づくりなどを掲げている。この計画には、失われた松並木の復元も入っている。二〇一三年三月には普天間跡地利用の「中間とりまとめ」を県との共同で策定した。現在は跡地利用計画の素案作成に向けた取り組みが進められている。

宜野湾市内にある「西普天間住宅地区」と呼ばれるキャンプ瑞慶覧の一部が二〇一五年三月に返還される予定であり、[24] 現在、跡地利用計画の策定が進められているが、その一部は急傾斜地のため利用がむずかしく、自然や文化財を生かした公園とするしか利用の道はない。そうなるとなおのこと、市だけではその費用を負担することはできず、県や国の支援を仰がなければならないだろう。

そもそもこのキャンプ瑞慶覧の部分返還は、ＳＡＣＯの最終報告に盛り込まれているが、キャンプ桑江の海軍病院をキャンプ瑞慶覧に移設し、跡地利用の困難な部分を返還するという内容であった。そのため、当時の宜野湾市議会は、「期待と喜び」が「困惑と落胆」に変わってしまったのみならず、「基地の県内移設にほかならず、基地の恒久化・固定化につながるもの」であり、「本市の街づくりに非常に支障を来すキャンプ瑞慶覧の部分返還に対しては、強く反対する」という意見書を採択した。

24　予定どおりに返還され、四月四日に返還式典が開かれた。跡地利用計画は七月に決定されることになっている。

基地と自治体

財政への影響

沖縄の米軍基地の約三分の一を占める公有地から入る地代は、県や市町村にとっては財産運用収入であるが、そのほかにも自治体には基地関係収入がある。主なものには、国有提供施設等所在市町村助成交付金（基地交付金）と施設等所在市町村調整交付金（調整交付金）がある。前者の基地交付金は、固定資産税が米軍基地に対して課税できないためにこれを補塡するものである。調整交付金は、米軍人やその家族が一般住民と同じように道路や水道、ゴミ処理などを必要とするにもかかわらず、非課税措置によって自治体の税収減になるという税制上の影響を考慮して交付されるものである。

いずれも米軍基地が存在することに対する補塡、補償といった性格を持つものであるが、在日米軍基地や軍人らが税金を大幅に免除されている以上、その穴埋めは政府がするしかない。そのような政府からの交付金も加えた基地に関連した

25　沖縄県知事公室基地対策課編『沖縄の米軍及び自衛隊基地（統計資料集）』二〇一三年、四二－四三ページ。普天

収入が、構造的なものとしてそれぞれの市町村の財政に組み込まれている。沖縄の市町村全体の歳入総額の六パーセント以上、基地所在自治体に限れば、歳入の八パーセント以上を基地関係収入が占めている。

基地の割合の大きい自治体になれば、財政に占める割合も当然大きくなる。自治体の歳入総額に占める割合でいえば、宜野座村の三四・一パーセントを筆頭に、恩納村《おんなそん》の三一・〇パーセント、金武町の二六・九パーセント、嘉手納町の二六・二パーセントがこれに続く。普天間の移設先とされている辺野古を抱える名護市の場合は、隣接する宜野座村にまたがる広大な海兵隊のキャンプ・シュワブがあり、名護市にかかるうちの六四パーセントが市有地となっている。その賃貸料収入だけで年間一〇億円を超えており、歳入総額に占める基地関係収入では八・九パーセントである。そして宜野湾市は三・五パーセントとなっている。▼25

首長の負担

米軍基地が自治体にもたらしている経済・財政的な負担とそれを埋め合わせるための補償や恩恵等をどう評価するかは大きな問題だが、▼26 もうひとつ、数字にはあらわれにくい負担がある。こちらは経済的なそれとはちがい、恩恵とはなりえない。それは、自治体の行政への負担である。基地対策は基地を抱える自治体に

間問題が浮上して以降、さまざまな補助金が沖縄を潤す一方で、財政と人心をスポイルしてきた。北部振興策、島田懇談会事業、米軍再編交付金などがそれである。これらを含む各種補助金と四〇年にわたる振興開発計画等によって社会基盤の整備が進み、立派な（しばしば過大な）公共施設が林立するのが今の沖縄である。特に橋と道路は、本土のどこにも負けないだろう。その一方で、宜野湾の住宅街は街路灯が少なく、夜道を歩くのに不安を感じるほどだ。カネの使い方がどこかまちがっているのではないかというのが、にわか市民としてのいつわらざる実感である。

26 基地を維持するためのこうした交付金や各種補助金などが自治体財政に与える影響とその政策的評価については、川瀬光義『基地維持政策と財政』を参照。

とって大きな問題である。

照屋寛之・沖国大法学部教授のインタビュー（二〇〇七–〇八年）に当時の首長たちは次のように答えている。稲嶺惠一・前沖縄県知事（在任一九九八–二〇〇六年）は現役時代の仕事について「頭の中の七、八割」を基地問題が占めており、「議会の質問でも再質問を入れると大体七割は基地問題」であったとし、「私は知事としてその日楽しかったと思って寝た日は一日もない」と回想している。そして他府県の知事について「他の政策について沖縄の知事よりもよく勉強している。他府県では知事の仕事は県民の福祉が主である」と羨んでいる。経済界出身の稲嶺氏の場合、やはり経済問題に力を入れたくても基地問題への対応に忙殺され、思うに任せなかったのだろう。

こうしたことは知事だけではない。基地を抱える市町村長も同様である。「基地問題がいつも頭の中にある。どうにかできないか。しかし、どうにもならないほど解決困難な問題である。せめて解決への希望が見えてくれれば、もう少しかという進捗状況が見えれば頑張れるが、要請しても、全然まともな返答がない。基地問題解決の難しさは、相手が国であったり、アメリカであるために交渉が容易でない。相手がどのぐらい真剣に考えているかも分からない。やる気があるのかないのかも見えないから厄介である」（新垣邦男・北中城村長）。「この町の仕事は基地とかかわりのない仕事はまずない。通常の行政上の課題、問題点は自治体の長が誠意を持って頑張ればどうにか解決できるが、基地問題の場合、町長には権限も何もない。交渉する場面すら与えられていない。したがって交渉もできない。ひたすら改善を要求するか抗議するかである」（宮城篤実・嘉手納町長）。「基地問題に振り回されていることは間違いない。基地所在自治体の首長がいかに大変であるかは、就任して初めてわかった」（野国昌春・北谷町長）。

これらの首長といささか異なる姿勢を見せたのが伊波洋一・宜野湾市長であった。「基地問題は負担とは考えていない。市町村長の負担であるというよりも役割であり、基地問題の解決は県内の基地所在市町村にとって主要な行政課題であると理解している。いつも普天間飛行場の問題は宜野湾市の行政の最重要課題であると位置付けている。最重要な行政課題である以上、市としての取り組みもかなりのウェートを置いてやっている」と前向きに捉えている。[27]

伊波氏の場合、基地問題に取り組むことを第一の課題として市長に就任した。それにしても、かなりの時間とエネルギーを基地問題に注ぎ込んでいることに変わりはない。そして今のところ、首長らの努力や自治体が投入してきた資源に見合うだけのはかばかしい成果があがっているとはいいがたいことは、いずれの首長・自治体においても共通しているといえよう。

27 照屋寛之「米軍基地と自治体行政」三三一―四〇ページ。

Ⅳ　基地と政治を考える

7——基地をめぐる政治

政治と民意

辺野古推進運動

わたしが宜野湾で暮らした二〇一三年は、普天間飛行場の移設先とされる名護市辺野古に基地を建設するための政府の埋め立て申請を仲井眞弘多知事が承認するかどうかが注目された年であった。この年の三月、防衛省沖縄防衛局は公有水面埋立法に基づいて「普天間飛行場代替施設建設事業に係る公有水面埋立承認申請書」を沖縄県に提出していた。絶滅が危惧されるジュゴンのエサ場ともなっている貴重な辺野古の海を米軍基地建設のために埋め立てるのか。現在の法律では、知事の承認がなければ埋め立てはできず、したがって基地を建設することはできなくなる。

普天間で暮らし始めてまもなくのこと、広告のチラシにまじって、リーフレットがアパートの郵便受けに入っていた。表紙には大きく「私たちの願いは、沖縄の安全と安心」とあり、その横には「子供たちのために確かな一歩を！」とうたっている。なかを読んでみると、要するに、辺野古への新基地建設を推進しようという運動であった。

推進しているのは「普天間基地の危険性を除去し辺野古の米軍基地に統合・縮小を実現する沖縄県民の会」である。会長は中地昌平氏であり、呼びかけ人には西銘恒三郎・衆議院議員、島尻安伊子・参議院議員（いずれも自民党）そして、島袋吉和・前名護市長も名を連ねている。

リーフレットには、一〇人ほどが署名できる署名用紙と封筒がはさんであった。署名は知事に宛てたもので、「普天間基地の危険性の除去」と「米軍基地の負担軽減」を求めてきた沖縄にとって、埋め立てを認めなければ「普天間基地の固定化」につながるとして、次の三点を要望するという内容である。

一、県民の願いである「普天間基地の危険性の除去」と「米軍基地の負担軽減」を一日も早く実現するために、実現可能な現実的対応を取る。

二、そのためには、「辺野古の米軍基地に統合縮小すること」が最も有力な方法であり、政府より県に提出された辺野古の「公有水面埋立承認申請書」を速やかに承認する。

三、基地問題を解決することにより、地域の経済振興を速やかに促進させる。

いうまでもなく、政府の政策を後押しするものである。辺野古への統合による縮小とは、普天間が約四八〇ヘクタールなのに対して、埋め立ての面積は一六〇ヘクタールであるため、これを比較すれば三分の一になるということだ。

署名の提出期限は一二月一五日となっていたが、これは知事が年内に判断を下すという判断によるものなのだろう。地元紙の記者からも、年内にも判断しそうだと聞いていた。このリーフレットと署名用紙は、その後、一〇月に二回、一一月にも一回とあわせて四回、郵便受けに投げ込まれていた。「一部で報じられている『県外移設』の声によりこのままでは普天間基地は、固定化しつづけます」という別刷りのチラシがはさみこまれていたこともある。

一一月二二日までに七万三〇〇〇を超す署名を集め、仲井眞知事に埋め立て承認を求めた大会には、西銘、島尻両議員は祝電を送った。この二人はそれぞれ選挙のときにはいずれも「県外移設」を訴えていた。いったい、どうなっているのか。政治家の選挙公約なのだからこんなもの、といえばそれまでだが。

そのころには政府・与党から沖縄選出の国会議員に圧力が強まっており、残る三人の自民党議員、すなわち国場幸之助、比嘉奈津美、宮崎政久の三氏ともやはり自分の掲げた公約を破って、辺野古への基地建設を認めた。圧巻は石破茂・自民党幹事長が五人を従えて一一月二五日に行った記者会見である。沖縄県民が選んだ五人の議員を党本部がねじ伏せて全国民に見せたのである。同時にそれは、五人がそろって公約を破ることを宣言した瞬間ともいえる。辺野古建設を推進する運動の先頭に立ってきた西銘、島尻の両氏は、心なしか、あっけらかんとした表情に見えた。選挙の公約などはじめから守る気がなかったのだろう。

問題は、政治家が選挙後に前言をひるがえしたことではない。石破幹事長の記者会見に対しては、「沖縄の国会議員をさらし者にした」という反発が沖縄では強かったが、それだけでいいのだろうか。幹事長がねじ伏せたのはまちがいないにしても、ねじ伏せられた側には何の問題もないのか。さらにいえば、はじめからこの公約を守る気はなく、有権者も半ばそれを承知のうえで投票したのではなかったのか。その可能性は決して小さくないとわたしは思う。実のところ、それが沖縄の政治ではないのか。沖縄で暮らしているうちに、そんなことを思うようになってきた。

こうした動きのなか、仲井眞知事の判断が注目された。もともと通産省（現・経済産業省）の官僚で、大田昌秀知事の時代に副知事をつとめたときも中央政府との関係をなによりも重視し、「沖縄県は、政府の言うことを聞くだけでいいんだ」と言っていた、官僚らしいその姿勢は、大田知事と対照的であった。

最初に県知事選に出馬した二〇〇六年以来、仲井眞氏は辺野古への基地建設については態度をはっきりさせてこなかった。建設に「反対」と言ったことはなく、「県民の意見からすると、むずかしい」といったあいまいな姿勢に終始してきた。それが二期目の選挙戦に入るころから、選挙戦術だったのだろうか、辺野古への建設に否定的な態度を見せるようになった。それでも「県外移設」を進めると発言をするようになったものの、一度も「建設に反対する」という意思表示をしたことはない。「むずかしい」とか「不可能」といった、傍観者的な態度を示しただけだった。選挙公約としては「県外移設」を掲げたが、反対とはついに一度も言わなかった。

知事の承認

知事の埋め立て承認（または不承認）は、政治的判断なのか、それとも自治体の長としての行政的判断なのか。どちらもありうるとわたしは思っていた。申請の中身が環境への配慮がなされておらず認めることはできない、といったような行政的な判断もありうるだろうし、申請内容というよりも、新たな基地の建設は県民感情や県内事情から承認できない、といった態度の表明のしかたもありうるのでは、と思っていた。

二〇一三年一二月半ばに「沖縄政策協議会」に出席するために上京した知事は「普天間飛行場の五年以内の運用停止」をはじめとする要望書を政府に提出した。「日米地位協定の改定」などは従来からの要望だが、「五年以内」はここで突然出てきたものだ。これらは辺野古埋め立て承認の事実上の条件と受け取られた。その直後に、検査のためということで都内の病院に一週間ほど入院し、そのあいだに政府高官との極秘の会合を重ねた。基地問題についての実務上の担当者である又吉進・知事公室長は、菅義偉・内閣官房長官の指示によって、この最終段階では協議の場から完全にはずされた。知事ひとりで政府との交渉にのぞんだわけだが、こうなってしまえば、承認することはほぼ確実といえた。

一二月二五日、東京で記者会見した知事は、沖縄関係予算案を「有史以来の」「驚くべき立派な内容」と最大級の表現を並べて持ちあげ、「一四〇万県民を代表して感謝する」とまで言った。あらかじめ用意されたシナリオどおりであるにしても、聞いているほうが恥ずかしくなるような知事のはしゃぎぶりに違和感をおぼえた人は多かった。わたしのまわりでは「仲井眞さんはこわれちゃったのか」と首をひねる人も少なくなかった。

いよいよその判断を表明するという二七日、わたしは県庁に出かけた。県庁のロビーには「辺野古新基地建設阻止」「埋め立て承認を許さない」などののぼりや横断幕が林立し、「屈しない」というプラカードを手にした人びとで埋め尽くされていた。数百人はいただろう。「知事の裏切りを許さない」「県民は屈しない」とシュプレヒコールを上げ、かわるがわるマイクを持ち、埋め立てを承認しないよう求めるとともに、新たな基地建設に最後まで抵抗していくことを訴えていた。

ロビー内で知人を見つけ、いっしょに座り込んだ。その人は沖国大の卒業生で、今は故郷の本部町《もとぶ》で喫茶店を経営している。沖縄島の北部にある本部半島から那覇までは車で二時間近くかかるだろう。話題のドキュメンタリー映画『標的の村』の上映会を一一月に本部町で開いた際にわたしも参加した。本部町から持ってきていたコーヒーをごちそうになりながら、知事の会見を待った。

午後三時すぎから始まった知事の会見はロビーのテレビで見た。予想はしていたが、いや、予想以上に落胆するような内容だった。なぜ埋め立てを認めるのかを県民に向けて説明するものではなかった。県庁を出ると、旧知の新聞記者が刷り上がったばかりの号外を配っていた。それによると、知事はその日の午前九時すぎに、申請を承認する公印を押し、防衛省沖縄防衛局宛てに書類を発送し終えていた。

後日、地元紙から原稿を頼まれた。知事の会見があまりといえばあまりの内容だったので気がすすまなかったが、結局、引き受けた。以下に全文を引用する（『沖縄タイムス』二〇一三年一二月三〇日）。

要するに、おカネが欲しいんだね、オキナワは——。本土の国民の多くは、こう思ったことだろう。

沖縄国際大学の研究員として沖縄に来て三か月になるが、用事で本土に戻るたびに、周りから聞かれるのは「沖縄は本気か」ということであった。

そこに今回の埋め立て承認である。県庁ロビーのテレビで会見を見たが、知事の理屈はわかりにくかった。翌日の新聞で確認したが、やはり説得力があるとは思えない。その結果、県内では怒りと失望を買い、本土では冒頭のように受け取られたことだろう。

圧力に屈したのか、予算に目がくらんだのか。いずれにせよ、問題は知事が法律・政治と経済・財政とを安易に結びつけてしまったことである。

では、基地負担の軽減はどうだろうか。普天間基地は五年以内に運用停止になるだろうか。その可能性はゼロである。政府は県外移転を検討することなく、辺野古での基地建設につき進むが、五年以内の完成はありえない。

新たな基地ができるまでは海兵隊が運用を停止することがありえないことは言うまでもない。そんなことをしたら海兵隊は存在意義そのものを疑われてしまう。ただでさえ、沖縄駐留の必要性は、本国にも疑問の声があるのだから。

五年以内の運用停止は、政府に強引な突貫工事の口実を与えることになりかねない。そうなれば、環境保全もままならなくなる。

オスプレイの訓練移転もたいした進展は期待できない。オスプレイの日米合意違反の飛行が常態化していることは、私もこの目で何度も確認しているが、政府は何もしない。その上、安倍首相は靖国神社参拝によって米国政府の信頼を失っており、そんな政権の要望に応じるはずもない。つまり、運用の面でも沖縄が得るものはほぼゼロだろう。

結局のところ、沖縄はカネ以外にほとんど得るものはない。こんなことは知事もわかっているはずだ。政府の回答に接して「驚くべき立派な内容」と見苦しいまでにはしゃいだのは、いったい何だったのか。

本土では、沖縄県民とは少し違った意味で、大きく失望したことだろう。百歩ゆずって、承認は避けがたいのだとしても、認め方、はっきり言えば「負けっぷり」が問題だ。力に屈し、カネにころんだと県民・国民の目に映らないような承認のしかたを考えるべきであった。わかりにくい理屈を並べ、安倍政権を「沖縄への思いが強い」と持ち上げる知事の姿だけが、印象として国民の記憶に残る。

もはや「沖縄の本気」を問う人はいないだろう。少しばかりのカネと引き換えに沖縄が失うものはあまりにも大きく、日米安保体制のゆがみは続く。有史以来の驚くべきみじめな仲井眞知事の姿は、沖縄にとっても、日本全体にとっても、悲しむべきものであった。

「沖縄は本気か」とは、沖縄の基地問題の鍵になる問いである。わたしが沖縄で暮らすというと、知人らからよくこのように聞かれた。沖縄の人たちは本気で基地に反対しているのか、それともその補償をはずめばおさまる程度の「迷惑」と捉えているのか。平たくいえば、基地と経済のどちらが重要なのか、ということだ。カネ欲しさに反対のポーズをとっているだけ、という悪意ある解釈をする人もいると聞くが、わたしの知人にはそういう人はいなかった。

県民の反発

県内では多くの人が知事の承認に落胆し、不満を見せていたが、「沖縄がカネで納得したような話になる。全国からどう見られるか」と心配する声は、保守系の政治家のあいだからも聞こえてきた。仲井眞知事の判断と会見のようすはそれだけ大きな波紋を生んだ。

琉球新報社と沖縄テレビ放送の合同世論調査によれば、知事の埋め立て承認について、支持すると答えた人が三四％であったのに対し、不支持は六一％にのぼった。この数字を見るかぎり、沖縄県民は知事の決定を支持していないと見受けられる。では、これが沖縄の民意ということなのか。

年が明け二〇一四年に入ると、埋め立てを承認したことに対して、県議会は知事を厳しく追及し、さらに辞任を要求する決議まで可決した。直接的な関係のない北中城村議会までもが辞任を求める決議を採択した。

こうして知事の判断に対する反発は県内に広がったが、それでも辞任にまでは追い込めなかった。次の焦点は、地元の名護市の市長選挙に移った。

名護の選択と民意

市長選挙

「辺野古の海にも陸にも新たな基地はつくらせない」という明確な姿勢を示している稲嶺進・名護市長は、二〇一〇年の選挙で初当選し、二〇一四年一月に再選をむかえた。島袋吉和・前市長は、二〇〇六年に県を飛びこして国と直接交渉し、辺野古の海岸を埋め立てて「V」字形になるよう二本の滑走路を建設することで政府と合意した。これが現在の計画である。島袋氏の前の岸本建男市長も、さらにその前の比嘉鉄也市長も、つまり三代にわたって、条件つきであれ何であれ、基地建設を認めるというのが名護市長の姿勢であった。キャンプ・シュワブの先に普天間の代替施設を建設するという案が登場した一九九六年以来、二〇一〇年までは一貫して建設容認派を名護市民は選び続けてきた。公正なる選挙の結果なのだから、これは名護の民意と見るべきだろう。

それが二〇一〇年に初めて「つくらせない」とする稲嶺進氏を市長に選んだ。実をいえば、一時は保守系の候補として取りざたされたこともある稲嶺氏は、はじめから反対の立場を明確にしていたわけではない。二〇一〇年の市長選挙にのぞむころから反対姿勢をはっきりと示すようになり、その後は一貫している。

市長選の公示直前の二〇一四年一月一〇日、民間シンクタンク「新外交イニシアティブ」主催のシンポジウムが名護市で開かれたおりに、わたしは名護に出かけた。その打ち上げの宴席で、稲嶺市長に質問をした。「前の県知事の稲嶺恵一さんは、知事のときには基地問題が頭のなかの七割を占めていた、酒を飲まなければ眠れなかったと回顧しています。市長はどうですか」。わたしは稲嶺市長も同じような状態ではなかろうかと予想（と心配）をしていたのだが、返ってきたのは意外な答えだった。

私はちがいます。そのようなことはありません。辺野古の基地建設には反対と決めていますから。迷うことも、悩むこともありません。稲嶺恵一知事は、条件をつけたりして、国と交渉していたから、あれこれ思い悩むことが多かったのでしょう。

あっけらかんと（そう見えた）答える市長に、やや拍子抜けしたが、同時に、これが今の沖縄には必要なのかもしれないと思った。どんなに厳しい条件をつけようとも、条件はしょせん、条件である。内心では建設に反対であろうとも、条件をつけるということは、政府の対応によっては受け入れる余地を残しているということであり、最後には、いかに多く（たいていはカネ）を国から引き出すかの駆け引きに終わる可能性が高いからだ。しかも、遠く離れた本土の国民から見れば、その本音が賛成だろうが反対だろうが、同じことである。政治というものは、国民に何がどう見えるかが重要である。有権者に対して、争点・焦点が何であり、白黒の分かれ目が何であるかをはっきりと見せなければならない。

それまでの言動から、稲嶺進さんという人は、あまり駆け引きのできる人ではなさそうだという印象を抱いていた。それは政治家としてのこの人の弱点だとわたしは思っていたが、それはまちがいだ。本来は政治家としての弱点かもしれないが、この人はそれを逆に強みとしている。決めたことをわかりやすい言葉ではっきりと言い、それを変えない。したがって交渉に持ちこまない。つけいる余地を与えたり、誤解を生みかねないようなことは一切しないし、言わない。今の沖縄に必要なのは、こうした姿勢なのだろうと思った。

政府・与党は辺野古建設を円滑に進めるためには、なんとしても名護市長を奪い返したかった。島袋吉和・前市長が立候補を表明したが、自民党関係者だけでなく菅義偉・内閣官房長官まで乗り出して取りやめさせ、候補者を末松文信・県議会議員に一本化した。末松氏は名護市の企画部長や助役、副市長を歴任した経歴を持っている。稲嶺市長も長く市役所に勤めた人であり、元同僚同士の一騎打ちとなった。

事前の世論調査では、投票にあたって重視する政策として基地問題をあげる人が最も多く、選挙の争点は明白であった。政府と自民党はこれまでにも増してこの選挙を重視し、人口六万あまりの一地方自治体の選挙に国政選挙なみの力を注いだ。「大物」政治家を次々と名護に送りこんだだけでなく、カネも注ぎ込もうとした。石破茂・自民党幹事長は投票日の直前に名護を訪れて、名護市に特化した五〇〇億円にのぼる振興基金の創設を検討しているとぶち上げた。

このあまりに露骨な利益誘導にも名護の有権者はなびかなかった。それどころか、むしろ反発を示した。仲井眞知事も末松候補の応援に行ったが、知事のまわりに人が集まらず、知事が差し出した名刺を受け取らないという、かつてない光景を目にし、地元の記者も驚いていた。名護が変わりつつある、とその記者が感じたのはそれだけではない。賛否の分かれる辺野古の問題は、口にするのがはばかられるような雰囲気があったが、この四年間でそれが大きく変わってきた。賛成であれ、反対であれ、名護の人びとは堂々と議論するようになってきたという。大きな前進といっていいだろう。

投票は一月一九日に行われ、現職の稲嶺進候補が一万九八〇〇票あまりを獲得して、約一万五六〇〇票の末松候補をしりぞけて再選された。前回の選挙の得票差が約一五〇〇票だったことから、この四〇〇〇票の票差を地元紙は「大差」と評した。

安倍政権の示した沖縄関係予算の増額に小躍りしてみせた仲井眞知事と、石破幹事長の五〇〇億円になびかなかった名護市民との対照的な姿勢は、沖縄の今後を考えるうえで重要だろう。

選挙後、例によって地元二紙には連日「識者評論」が掲載されたが、なかでもわたしの目を引いたのは、川瀬光義・京都府立大学教授の一文である（『沖縄タイムス』二〇一四年一月二六日）。沖縄の自治体財政に詳しい川瀬氏は、漫然と政府資金を投入するだけでは地域の振興はできず、四年前の敗北を総括しないまま同じ政策を打ち出したところに末松陣営、ひいては政府の敗因を見た。普天間の移設先として代替施設の建設候補地となって以降、十数年間にわたって名護市には大量の政府資金が投入されてきた。「各種振興策による名護市の財政膨張ぶりは異様というしかなかった」。それによって立派なハコものはできたものの、市民の暮らしは向上していない。こうした背景があっての選挙結果だというのだ。

財政の専門家のするどい分析に感心すると同時に、名護とはどのようなところかを知る必要があると思った。さらに、沖国大の佐藤学教授（政治学）から、名護はかつて「逆格差論」なる構想を掲げていたことを教えてもらうにおよんで、わたしはますます名護に興味を引かれた。

名護市長選挙のあと、久しぶりに普天間基地の大山ゲートに行ってみた。一一月に来たときと同じように、抗議行動をしているグループがいる一方で、米兵に手を振る一団もいた。

以前と変わらぬようすをしばらく見ていると、抗議側のひとりが話しかけてきた。仕事を退職したのちに、沖縄の未来のために何かしようと思って、運動に参加するようになったのだという。名護市長選挙の話になり、「開票が始まるとすぐに、ヤマト（注——沖縄の人は日本本土をしばしばこう呼ぶ）の友人から、おめでとう、と電話があった。こういう声に励まされる。沖縄だけでは運動は続けられない」という。稲嶺さんが当選したのは沖縄にとってよかった、と応じると、わたしを自分たちの味方だと思ったのか、「あんたもわれわれの運動に加わってくれればいちばんいいが、そうでなくとも、これからも関心を持ち続けてほしい」というので、そのつもりだ、と答えた。別れ際に「ところで、あんたはものを書く人か。もしそうなら、ここのこともどこかに書いてくれ」と言われた。

民意とは何か

沖縄について、本土ではさまざまな見方がある。長年にわたって米軍基地に苦しめられてきており、県民は一日も早い基地負担の軽減を求めている、と見る人もいる一方で、沖縄の人は基地よりも経済が優先で、政府から補助金を引き出すことを重視している、と思っている人もいる。

では、沖縄の本音はどちらなのか。基地か、それともカネか。これを何で判断すればいいのだろう。そもそも、一〇〇万を超す人びとの意識など、ひとくくりにすることができるのか。

沖縄では、一九九五年の少女暴行事件以来、しばしば大規模な集会が開かれる。主催者発表ではあるが、八万人を超すような大規模な集会が何度も開かれるのだから、沖縄の民意はここに示されていると見るべきなのか。沖縄には一時間おくれが当たり前とされる「ウチナータイム」(沖縄時間)があると聞いていたが、編集者の新城和博氏によれば、「抗議大会は時間通りというのが、新ウチナータイムなのだ。やればできる」（新城『ぼくの沖縄〈復帰後〉史』）。それだけ本気ということなのだろうか。

また、世論調査の結果などを見るかぎり、米軍基地に対する反対意見は強く、辺野古への建設に対しても反対意見が多かった。ところが、選挙となると、世論調査とは逆の結果が出ることが多い。名護市長選挙も長いことそうであった。県知事選挙も、一九九八年に大田知事を稲嶺惠一氏が破って以来、有権者は四回連続で容認派を選んでいる。こうなると沖縄の有権者は、基地にそれほど強く反対しているわけではなく、それよりも経済政策を重視して投票をしているようにも見える。選挙の争点も、本土では基地問題と見るのだが、どうも経済問題が主要な争点になっているらしい。基地問題は争点としてはそれほど重要ではなく、辺野古移設も条件次第で受け入れるのだろう、と本土の人たちが思ったとしても不思議ではない。

民意は揺れているのか。それともわたしたちが見誤っているのか。

選挙の争点はひとつとは限らず、多くの場合、複数の課題を抱えて選挙にのぞむのは全国どこでも同じだ。また、一方の候補が基地問題を前面に押し出しても、他方の候補は巧みに争点をずらして、正面からの対決にならないこともある。たとえそうだとしても、基地が最大の争点にならないということは、すなわち、基地問題が最重要課題というわけではない、と受け取られることになる。

基地といえども、いくつかの課題のひとつにすぎないのなら、基地に対する意見を問う世論調査でどのような結果が出ようとも、それが選挙に反映されないのは当然であり、そのような選挙を何度も続けているということは、沖縄の人たちにとって、基地はその程度の問題と解釈されることにもなりかねない。

名護市長選挙のあとで地元紙の記者から興味深い話を聞いた。世論調査や出口調査（選挙の投票直後の聞き取り）の結果は、もっと差が開いていたというのだ。おおむね二倍の差があったという。辺野古への建設に反対する人が容認する人の二倍おり、それが世論調査にそのままあらわれるだけでなく、実際に投票した人にたずねても、稲嶺候補に入れたと答える人が末松候補の二倍いたのならば、選挙結果はもっとちがっていたはずだ。ところが現実は、稲嶺候補の得票は末松候補の約一・二七倍にすぎない。

わたしは、ここにこそ民意を読み取るべきなのではないかと思う。基地建設に賛成かと問われれば、断固反対の人だけでなく、どちらかといえばつくらないほうがいいという程度の人も「反対」と答えるだろう。しかし、その同じ人が、選挙でもそのまま同じように投票するかといえば、そうとは限らない。他の課題もあるし、地元のしがらみもあるかもしれない。政府からの補助金や振興策も多いほうがいい。そう考えて、「反対」とは異なる側に投票をする人がいたとしても不思議ではない。いや、むしろそういう人がかなりいると考えるほうが自然だろう。このように考えてみると、世論調査の結果と選挙の結果がちがっているのは、むしろ当然ともいえる。

では、出口調査はどうだろうか。投票を終えた人にたずねた結果がダブル・スコアに近いという取材結果は、何を意味するのか。

わたしの想像はこうだ。末松候補に入れた人のなかには、すっきりしない、もっといえば、やや後ろめたいような気持ちの人も少なからずいたのだろう。なぜなら、本心では、辺野古に基地をつくることに賛成ではないからだ。しかし、政府の政策に反対するのは大変だ、補助金はたくさんもらえるに越したことはない、自分や家族の仕事にも影響が出るかもしれない、これまでのいきがかりや地元での付き合いもある——といったさまざまな理由で、いささか気乗りはしなかったが末松候補に入れたという人も少なくないのではないか。出口調査にすべての人が答えるわけではない。だから、投票所での聞き取り取材に応じなかった人は、末松候補に投票した人が多かったのではないだろうか。

これに対して稲嶺候補に投票した人は、意を決しての行動だった。新たな基地は受け入れられない、何としても辺野古の海を守りたい、だから断固として建設を阻止したい、そのためなら、補助金を削られるのも覚悟のうえだ——といった強い気持ちを持って、政府の政策に反対する候補に一票を投じたのではないか。何といっても、圧倒的な力とカネを持って迫ってくる政府に刃向かうのだから、気後れもするだろう。それを乗り越えての投票である。

世論調査にあらわれる民意は、目の前に並べられた選択肢のなかから一方を選んだものにすぎない。たとえていえば、レストランで数あるメニューから好きなものを選ぶようなものだ。これに対して選挙で示す民意とは、選挙がもたらす結果を引き受ける覚悟を伴う行動といえる。近くにも食堂があるのに、わざわざ遠くの店まで足を延ばすようなものだ。世論調査で示される民意が単なる「意見」であるのに対して、選挙はより「決意」に近い民意なのではないだろうか。

基地と引き換えに政府から下りてくるカネが目の前にあるのに、それを受け取らず、あえて自分の足で遠くまで歩いていこうとする。名護の人たちは、この選挙でそういう行動を選択した。だから、稲嶺氏に票を投じた人の大半は、マスメディアの出口調査にも堂々と応じたのだと想像できる。こう考えれば、世論調査や出口調査で稲嶺氏が二倍近い支持を得ていたとしても、実際の差が末松候補の約一・二七倍にとどまったわけが理解できると思うのだが、どうだろうか。

もし、わたしの想像が正しいのだとすれば、同じことは知事選挙にもいえるかもしれない。基地問題についての世論調査の結果も民意なら、知事選挙の結果で示されるのも民意である。どちらか自分に都合のいいほうだけを取り上げて、これが沖縄県民の民意だといいつのることはできない。基地反対派の人たちが「沖縄の民意は基地反対」だとする根拠は、実のところ、いささか頼りない「意」に多くを負っているのかもしれない。

政治は、選挙で動くものである。世論調査ではない。これが政治のルールであり現実でもある。だから、政府が進める政策に反対するのなら、そういう人を選挙で当選させなければならない。選挙には負けたが民意はこちら側にあるなどというのは、負け惜しみでしかない。

大田昌秀知事が軍用地を提供するための代理署名を拒否して、政府に基地問題の抜本的な解決を求めて抵抗していたころ、「首相にしたい人」というアンケートに大田知事の名が上位にあがったことがある。大田知事の訴えと行動は、本土でもそれほど注目され、評価もされていた。ところがその後、経済重視の稲嶺恵一知事が誕生し、条件闘争に入るやいなや、本土の国民の沖縄への関心は、あっという間に低下した。「なんだ、沖縄は基地よりカネか」というわけである。以来、本土の関心は低空飛行を続けている。

興味深い調査がある。琉球新報社の『二〇一一沖縄県民意識調査報告書』によれば、「沖縄の米軍基地はどうあるべきだと思いますか」という問いに対して、「撤去すべきだ」が二六・三パーセント、「縮小すべきだ」が三九・六パーセントであわせて六五・九パーセントにのぼる。およそ三分の二の人が米軍基地の撤去・縮小を望んでいる。しかし、同じ調査で「今、気になる問題は何ですか（三つ選択）」の質問に対しては、「基地問題」は四四・二パーセントで二番目とはいうものの、「所得の低さ」の六一・一パーセントを大きく下回っている。「医療・福祉」の三九・〇パーセントに続く四番目には「失業」の三三・二パーセントが来る。沖縄の人たちの関心がどこにあるかがわかるというものだ。

政府の補助金に頼らなくても経済発展はできる、あるいは、基地の整理・縮小を何としてもやりとげる、ということを訴え、それを争点にすることが必要なのではないか。新たな基地をつくらせない、基地と引き換えの補助金に頼らずにやっていくと訴え、勝利した今回の名護市長選挙は、こうしたことを市民自らが確認し、かつ沖縄県民に示したのだとわたしは思う。

辺野古と高江

政治における民意は選挙だが、選挙にはあらわれない「意」もある。選挙はどんな人のどんな票も等しく一票という数になるだけだが、人の思いの強さが等しいわけではない。強い意志に支えられなければできない行動がある。それを示しているのが、辺野古と高江の運動である。

辺野古ではもうずいぶん長いこと、海岸近くにテントをはって、海上基地建設に反対するための座り込みを続けている人たちがいる。高江のほうは、先に紹介したドキュメンタリー映画『標的の村』が取り上げた海兵隊のヘリパッド（ヘリコプターの離着陸帯）建設に反対する運動だが、こちらも決して短いわけではない。

二〇一三年一二月のある日、本土から遊びに来ていた二人の知人とともに、辺野古と高江に行ってみた。

国道から辺野古部落を抜けて海のほうへ下りていくと、反対運動の小屋があり、「勝つ方法はあきらめないこと」という看板が目に入った。実にいいことばだ。さらに行くと、別の小屋があり、写真や新聞記事などを掲示する板が設置されている。小屋には「ヘリ基地建設阻止協議会　命を守る会」とある。

浜に出てみると、一〇年前に来たときには鉄条網があったところに、立派なフェンスができていた。そこから先がキャンプ・シュワブに提供されている土地である。普天間をはじめとする基地のフェンスとは規格の異なるフェンスだが、

漁港ゲート手前の護岸にある辺野古テント村（筆者撮影）

ここにも建設反対派のメッセージがくくりつけてある。沖縄各地や本土からのもののほか、「抵抗をやめてはいけない　私は沖縄を支える　オリバー・ストーン」というのもある。海外の著名な映画監督や知識人らが辺野古に注目して反対派を支援するメッセージを送っている。

河口付近にある座り込みのテントには、「海上基地建設阻止」の立て看板があり、わたしが行った日で座り込みは三五一五日ということだった。それ以前にも八年（二六三九日）の「命を守る会の闘い」があった。基本的に「年中無休」で座り込みをしているという。さまざまな資料が掲示してあり、配布用の資料も用意されている。強い意志と運動を支えるおおぜいの人がいなければ、ここまで続けることはできない。

（筆者撮影）

次に高江を目指した。地元のことばで「やんばる（山原）」と呼ばれる沖縄本島の北部には、広大な海兵隊の北部演習場があるが、その北半分（約四〇〇〇ヘクタール）は返還される予定である。しかし、それには六カ所のヘリパッドを建設するという条件がついており、直径四五メートルの離着陸帯と周囲の無障害物帯を含む直径七五メートルを造成し、そこへの侵入路をあわせて建設することになっている。やんばるはノグチゲラ、ヤンバルクイナをはじめとする貴重な生物を含む自然の宝庫であり、国際自然保護連合（ＩＵＣＮ）もその保護に強い関心を寄せている。生態系にダメージを与えるおそれがあるだけでなく、二〇〇七年から建設が始まったヘリパッドの予定地は、百数十人が暮らす高江の集落を囲むようになっており、あたかも集落を標的に見立てて訓練をしようとしているかのようだ。

辺野古からひたすら北上する。名護を出て東村に入ってしばらくしたころ、オスプレイが一機、海から陸に向かって飛ぶのを目撃した。小中学校や共同売店などがあるあたりを過ぎると人家はなくなる。しばらく山道を行くと、映画『標的の村』で資材の搬入をめぐる攻防のあったゲートがあり、その前に「命どぅ宝」の横断幕とテントがある。数人が座り込みをしていた。みなさん年配の人たちで、沖縄の人のようだった。写真家の森住卓氏がここに二カ月近く泊まり込んで写真を撮っていたという。近くに「Helicopter Landing Zone 17」の赤い看板があった。さらに進むとそこにも同じようなテントがある。フェンスのなかから工事の音が聞こえた。Ｎ４というヘリパッドらしい。

ヘリパッドの建設を実力で阻止しようとした人たちに対して、国は二〇〇八年に裁判を起こした。こういう裁判をスラップ（ＳＬＡＰＰ）訴訟という。スラップとは strategic lawsuit against public participation の頭文字をとったものだ

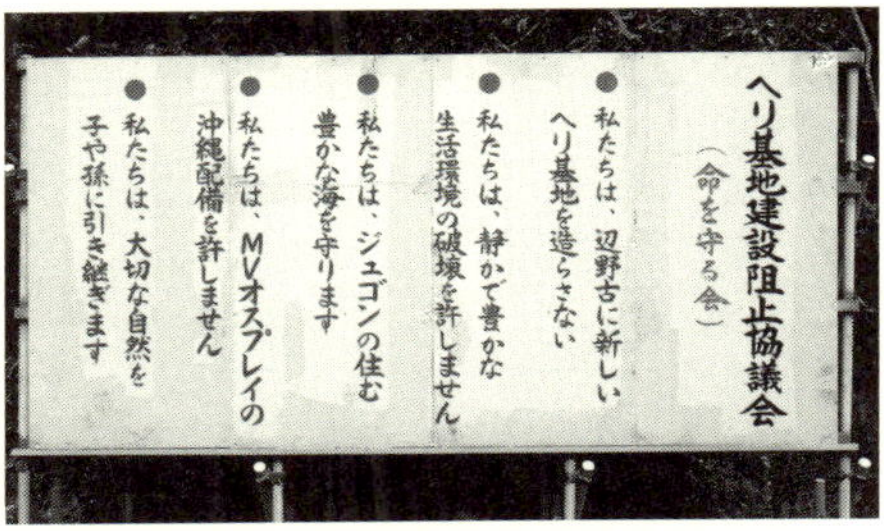

（筆者撮影）

が、国や大企業に比べて弱い立場の市民を威圧し、運動を萎縮させることを狙った裁判のことである。訴えられた一五人のなかには現場に行ったことすらない小学生まで入っていたという、ひどくずさんなものだ。国はこんな手を使って反対派の住民を脅しにかかったのである。アメリカではスラップ訴訟を禁じている州も多い。

県道の右手にカフェ「山甕《やまがめ》」の入口を示す小さな看板があり、そこから一キロほど狭い山道を下ったところに、映画『標的の村』にも出てくる家族が経営するそのカフェがある。ここで一服することにした。初対面の客のひざの上に勝手にあがりこんで昼寝をする人なつこい猫とともに、沢のせせらぎの音を聞きながら飲むコーヒーは格別だ。同行の二人と「静かでいいところだね」と見上げる木々のあいだから青空が見える。「この上をオスプレイが飛んだら台なしだなあ」「それは勘弁してほしい」とため息をついた。

県道に戻ってさらに先へ行くと、ゲートに出る。ここが正式の出入り口だ。ここにもテントがあり、数人の年配の方がいた。工事を請け負っている土木業者の出入りを阻止しているという。その人たちの話によると、オスプレイが来たのは久しぶりのことで、ゲートからほど近いところに着陸し、すぐに離陸して飛び

(筆者撮影)

去った。タッチ・アンド・ゴーに近いぐらい短い時間だった。訓練場内の山の上にあるやぐらのあたりで吊り下げ訓練をやることもあるということだ。

オスプレイは、速度だの航続距離だの長所ばかりが宣伝されている。しかし、二四人の兵士を乗せることができるとはいうものの、機内が狭くて物資の輸送には不向きである。そのうえ、外に吊り下げて運ぶのもいたって不得手ときている。鳴り物入りで配備されたわりには、実際の運用はかなり限られたものにならざるをえない。今後、どのような状況で沖縄のオスプレイを使うのだろうか。アピールできる場面をうまい具合につくれるのか、お手並み拝見である。

辺野古や高江で座り込みを続けている人たちには頭が下がる。よほど強い意志がなければできないことだ。そして、現場にいる人の何十倍もの人たちがこうした運動を支えている。そういう人の一票もカネで動く人の一票も同じ一票である。選挙での票が多いか少ないかで民意は測られ、政治は動く。

名護の民意

沖縄が本土復帰を果たした後、一九七五年に名護の先の本部半島で沖縄国際海洋博覧会が開かれ、にわかに開発ブームが起こった。本土資本による嵐のような土地の買いあさりと公共事業ラッシュを前にして、名護はその波にのまれまいとした。本土のカネを呼び込むのではなく、地域の特徴を生かすことに活路を見いだすよう、価値観の転換を図ろうとした。豊かさはこちらにこそある。それが名づけて「逆格差論」である。「地域住民の生命や生活、文化を支えてきた美しい自然、豊かな生産のもつ、都市への逆・格差をはっきりと認識し、それを基本とした豊かな生活を、自立的に建設していく」ことを目指した。

しかしながら、「逆格差論」の構想は、当初の狙い通りには成果をあげることができないまま、一九八六年の市長交代とともに葬られてしまった。それでも、ひょっとしたら、「逆格差論」の精神は細々とではあれ、名護市民のあいだで生き続けているのだろうか。それが新たな基地の建設に反対する稲嶺市長を二度にわたって当選させる原動力のひとつになったのではないだろうか。

稲嶺市長の誕生によって名護市は、米軍再編に協力した自治体だけに与えられる再編交付金を受けることができなくなった。基地受け入れとの引き換えでの補助金だが、名護市民はそうしたカネはもらえなくてもいいとしたのである。基地受け入れと引き換えに付いてくる政府のカネに頼らずとも、身の丈に合ったまちづくりや地域振興が可能であることを名護市が示すことができれば、沖縄の今後に何らかの示唆を与えることにもなるだろう。

ところで、名護市役所の向かいにある市民会館の入り口には、立派なアグー豚の銅像が立っている（もともと名護ではアーグ、あるいはアーグーと呼ぶ）。沖縄戦の混乱に加え、戦後の西洋種の導入によって、一時は絶滅が心配されたが、アグーは今や沖縄を代表するブランド肉となっている。

声を大にして言いたいのだが、アグーを蘇らせたのは名護である。名護市は二〇一三年九月一日に「アグーの里宣言」を行った。名護市では、一九八一年から市立名護博物館がアグーの調査と保護に乗り出した。その後は市内にある県立北部農林高校で雑種化を取り除くための戻し交配に取り組み、一九九三年にもとの形質をそなえた沖縄在来種のアグーを復活させた。だから名護は「アグーの里」なのである（沖縄県立北部農林高等学校創立六〇周年記念誌『躍進』二〇〇六年）。

名護に必要なのは、沖縄各地で中毒症状を起こしている麻薬のようなカネや、それをもたらす新たな米軍基地ではないだろう。アグーの復活は、名護に必要なものが何なのかを示してはいないだろうか。いや、名護だけではないだろう。基地にまつわるカネが沖縄社会をいかにゆがめているか、暮らしているうちに少しずつ見えてきたところでもあったので、奄美や宮古、八重山などの離島と同じように、沖縄中央（首里・那覇）から見下されてきた歴史を持つ名護・やんばるにこそ、沖縄の未来を見いだしたいという気持ちにかられた。

（筆者撮影）

普天間基地のフェンスのまわりをうろつくことから始まったわたしの沖縄滞在は、こうして、名護にたどりついた。

8——政治と安全保障

名護の歴史と政治

名護市

名護は地元のことばで「やんばる〔山原〕」と呼ばれる沖縄本島北部の入り口にしてその中心地である。復帰前の一九七〇年に当時の名護町、屋我地《やがじ》村《そん》、屋部《やぶ》村《そん》、羽地《はねじ》村《そん》、久志《くし》村《そん》の一町四村の合併によって名護市は誕生した。面積は約二一〇平方キロと沖縄本島の市町村のなかでは最も広く、宜野湾市の一〇倍以上の面積を誇っている。その一方、人口は六万二〇〇〇人と面積のわりには少なく、宜野湾市の三分の二ほどにとどまっており、しかも西部の旧名護町地区に集中している。

激しい地上戦が展開された中南部ほどではないが、沖縄戦は名護地域にも大きな被害をもたらした。名護の街は灰燼に帰し、また「住民の敵は米軍だけではなかった」ことは北部も例外ではなく、やはり日本軍に「しばしば裏切られた」[1]。そして住民はここでも米軍の収容所に入れられた。

戦争末期には四万人もの住民を収容した米軍大浦崎収容所のあった土地に一九五七年から海兵隊のキャンプ・シュワブの建設が始まった。現在では名護市の面積の九・七パーセントを占めている。その広さは宜野湾市全体に匹敵する。つまり、普天間飛行場の四倍に相当するということである。そのほかにも名護市には、辺野古弾薬庫、八重岳通信所のほか、キャンプ・ハンセンの一部などの米軍施設がある。すべてをあわせると、市域の一一パーセントほどになる。基地ができれば、事件や事故も当然発生する。広大な海兵隊のキャンプは同時に訓練・演習場でもある。演習に伴う事故が相次いだ一九七〇年代から八〇年代には市民の抗議運動も盛り上がった。

名護市といえば、市制施行一〇周年を記念して建てられた市庁舎がよく知られ

1 「五〇〇〇年の記憶」編集委員会編『五〇〇〇年の記憶——名護市民の歴史と文化』一〇七ページ。『名護市史 本編11 わがまち・わがむら』八三ページ。住民の戦争体験は三冊の記録集として刊行されている。名護市教育委員会文化課他編『語りつぐ戦争』第一〜三集。

ている。「地域自治の拠点となる建物」を目指した市庁舎建設では、全国から三〇〇を超える応募のあった設計競技で選ばれた象設計集団とアトリエ・モビルの提案が採用された。人びとの活動を支え、地域の自立と自治の拠点とするべく、地域の風土的特性を生かそうという思想に立つその設計は、名護湾から吹く風を取り入れる「風の道」をつくり、空調設備がなくても夏をしのげるよう工夫がされた。[2] 全国どこへ行っても、周囲から浮き上がって、あたりを睥睨《へいげい》するような庁舎が目につくが、自治体というより中央政府の出先機関のような雰囲気を醸し出す建物とは異なり、名護市庁舎は高さを抑え、風土に溶け込む色合いを採用している。

庁舎には沖縄で魔除けとされるシーサーが五六も配置されている。市内五五の字および市役所を守るためだとか。しかも、その五六ものシーサーの姿かたちはすべて異なっているという凝りようである。広場を包むように建つこの庁舎にはブーゲンビリアがよく似合う。緑あふれるテラスや屋上庭園もある。役所とは思えない落ち着きのあるたたずまいには、休日でも観光客が訪れるという。休日でも外の階段と廊下には人が立ち入れるようになっており、この庁舎を存分に堪能できるからだ。

一九八一年に完成したこの庁舎は、日本建築学会賞の作品賞に輝いた。このよ

2 二〇〇〇年に名護市で開かれた沖縄サミット後に、空調機を政府から廉価で譲り受けて設置した。宮城康博『沖縄ラプソディ』七二ページ。

うな庁舎を建てたのは、そのような理念を当時の名護市が持っていたからだ。それが知る人ぞ知る「逆格差論」である。これにはあとで触れることにする。

辺野古の歴史

名護市の中心部が東シナ海に面した沖縄本島の西側であるのに対し、普天間飛行場の移設先とされている辺野古は太平洋に面した東側に位置し、名護の中心部からは約一二キロの距離がある。ということは、那覇から普天間までに匹敵するということであり、また、地形や交通の便からいっても、元来、人の行き来は多くはなく、大多数の市民にとって、辺野古は遠い存在といえる。辺野古を含む久志地区は名護市内で唯一、合併後に人口を減らしており、過疎化が進んでいる。そして、海兵隊基地のキャンプ・シュワブなどから入る名護市の軍用地料の半分強をこの旧久志村地域が占めている。「久志は軍用地料を持って名護に嫁入りした」といわれるゆえんである。

終戦直後には一四〇世帯、六〇〇人あまりが住んでいたのどかなこの地域に海兵隊の基地建設の話が持ち上がったのは、一九五五年七月のことで

沖縄伝統のアサギの建築様式を取り入れた名護市市庁舎（筆者撮影）

ある。久志村は約六二万坪の山林の接収の通告を受けた。はじめのうちこそ反対の意向を示したが、最終的には基地を受け入れることとし、土地を提供した。[3]

村の代表が米軍との交渉にのぞみ、基地建設を受け入れるかわりに、電気と水道を引くこと、基地には地域住民を優先して雇用することなどを条件とした。頼みの林業が衰退し始め、ほかにこれといった産業もないだけに「基地を持つことで村民の経済生活がよくなる」という期待もあった。[4] また、先に見たように、伊江島や宜野湾の伊佐浜での「銃剣とブルドーザー」による強権的な土地の接収の後だっただけに、抵抗しても無駄だというあきらめもあったのだろうが、当然ながら県内の他地域からは批判を浴びた。米軍基地を自ら受け入れたのは後にも先にもこの地域だけである。

一九五六年一二月に米軍とのあいだで関係地主が借地契約を交わし、翌年三月から建設が始まった。工事を受注したのは大阪の銭高組だが、約束どおり多くの地元住民が作業員として雇用された。それまで主に岐阜県と山梨県に駐留していた海兵隊は、早くも五七年の一〇月から沖縄への移駐を開始し、五九年八月にキャンプ・シュワブが完工すると、翌月からはカリフォルニアから海兵隊員が移ってきた。部落の入り口には「ウェルカム・マリン」の横断幕を掲げ、歓迎の意を示した。[5]

3　当時の久志村長が、どうしたら貧しい村を豊かにできるか、と後に沖縄県知事となる西銘順治と那覇の歓楽街で飲んでいた高等弁務官付のジョージ・サンキに尋ねた。サンキが冗談半分で「米軍基地を作ったらいい」と答えると、村長は「可能ですか？」とくりかえし確認し、翌日、サンキの事務所へ赴いて「土地を提供する用意がある」と申し出たという。下嶋哲朗『豚と沖縄独立』二三三―二三四ページ。

4　平良好利『戦後沖縄と米軍基地』一六六ページ。

5　字誌編纂委員会編『久志誌』一二一ページ、『名護市史　本編11』六四四ページ。

辺野古区のウェブサイトには、「農村であった辺野古は、基地という経済基盤の元に地域開発を進めるために、有志会では軍用地契約に踏み切り、昭和三二年に基地建設が着手されました」と記されている。辺野古と隣接する豊原、久志をあわせた久志地域がキャンプ・シュワブの地元となる。こうして基地ができただけでなく、それに伴って辺野古の姿は次のように変わった。「基地建設の着工を機に新しいまちづくりの機運が高まり、昭和三三年に上集落のまちづくりがスタートしました。このまちづくりにおいて多大な協力をしてくれたアップル少佐に因んで町名が『アップル町』と命名されました。その後、この開発によりまちは急成長し昭和四〇年には三〇九世帯、二一三九人の規模となりました」[6]。人口六〇〇人ほどの集落に建設労働者らが流入し、飲食店をはじめとする商店や映画館などもできて活気ある街に変貌し、アップルタウンは一九六〇年代半ばに最盛期をむかえた。アメリカがベトナム戦争にのめりこんでいったこの時期には一二〇軒ものバーがあった。ところが、戦争が終わると同時に辺野古の衰退も始まり、一九九七年にはバーも一六軒にまで減った[7]。

一九七一年には軍用地主会ができた。名護市の軍用地主は約六〇〇〇人いるが、辺野古の関係者がそのうちの半数近くを占めており、事務所も辺野古にある。いまや辺野古区には毎年、二億円近い軍用地料が入り、自治会の預貯金残高は一四

6　沖縄県名護市辺野古区〈http://www.henoko.uchina.jp/〉。アップル（Harry Apple）は米陸軍のLieutenant Colonelなので階級は中佐であるが、辺野古区のサイトでは少佐となっている。『久志誌』一二一ページ、「五〇〇〇年の記憶」編集委員会編『五〇〇〇年の記憶』一一八ページ、『名護市史 本編11』六四四－六四五ページ。

7　石川真生『沖縄海上ヘリ基地』一五、二四、二五ペー

億円を超えている。▼8

こうした経緯からも容易に想像がつくように、辺野古区は旧久志村内でも突出して米軍に協力的であり、また、新たな基地の建設も認める姿勢を示してきた。そして、その代償としての金銭的補償も堂々と要求している。

ヘリポートと市民投票

辺野古が普天間の移設先としてあがって以来、名護市は常に注目を浴びてきた。現在の計画では、辺野古沿岸を埋め立ててキャンプ・シュワブと陸続きに飛行場を建設することになっているが、そもそもは撤去可能な「海上ヘリポート」ということになっていた。普天間返還で日米政府が合意したのは一九九六年四月のことだが、二カ月後にはキャンプ・シュワブ内への移設案が報じられるなど、当初から名護市東岸が移設先の最有力候補であった。

名護市では二度にわたって市民集会が開かれ、当時の比嘉鉄也市長も「名護市域への代替ヘリポート建設反対市民総決起大会」（一九九六年一一月二九日、名護市民会館）では「自然環境破壊や基地被害を押し付ける代替ヘリポートの建設に断固反対する」との決意を表明した。市議会も同年六月と一一月の二回、建設反対を決議するなど、早くから反対の意向を示した。しかし、元来が保守系の市長

ジ。『名護市史　本編7　社会と文化』六〇七－六〇八ページ。バーを経営していたのは辺野古以外から流入してきた人が大半であった。今や当時のにぎわいの面影はなく、わたしが訪れたときは、土曜の夜であったにもかかわらず、文字どおり閑古鳥が鳴いていた。入った店のなかには多数の米兵の写真が貼ってあった。かつての栄華の跡でもあるが、そのなかにはベトナムで命を落とした兵士も少なからずいたことだろう。

8　『沖縄タイムス』連載記事「続『アメとムチ』の構図――砂上の辺野古回帰」（二〇一〇年七月一六日～同年一〇月三〇日）。

とその周辺の態度はまもなく変わる。

翌一二月には一年間にわたる協議を経て「沖縄に関する特別行動委員会」（SACO）の最終報告書が出た。そこでは「海上施設（sea-based facility）」を開発および建設するとされていた。つまり、ヘリポートと決まっていたわけではない。政府からはヘリポートと伝えられていたがそうではなかった。また、報告書にはキャンプ・シュワブや辺野古が指定されていたわけでもない。建設場所も工法も決まっていなかった。しかし、実際のところは、政府ははじめから辺野古への建設と決めていたに等しい。政府は辺野古以外を調査さえしようとしなかった。海底に固定した鋼管によって上部構造物を支持する杭式桟橋方式（浮体工法）や箱形ユニットからなる上部構造物を防波堤内の静かな海域に設置する方式（ポンツーン方式）などが候補としてあがっていた。

そもそも自らキャンプ・シュワブの建設を受け入れて協力してきただけあって、また、基地には数十人の住民が雇用されていることもあって、辺野古と海兵隊との関係は良好だった。「アメリカ人はやさしい」という住民も少なくない。賛成派は「ヘリポートができたら働く所ができる。音がうるさくても我慢すればいいじゃーないか。ヘリポートがきて活性化すればいい」という。このように、もともときわめて保守的な地域であるが、ヘリポートであれ何であれ、海上に新たに基地をつくることには賛成できないという住民も多かった。「美しい海を自然を子や孫のためにも残さないといけない。今の辺野古の静けさは天国だ」といった声がそれを代表している。そうした人たちの反応は早く、年が明けて一九九七年に入ると「ヘリポート建設阻止協議会（命を守る会）」を結成した。[9]

一方、受け入れに積極的な人たちも動き始めた。「条件をつけてヘリポートを誘致しよう」と、一九九七年四月に「辺野古活性化促進協議会」を結成した。条件をつけて誘致するとは、沿岸の埋め立てを意味していた。「ヘリポートなくして北部地域、名護市、辺野古の活性化はない」「今の辺野古はさびれている。活性化するためには多少のがまんはしょうがないじゃーないか」というにとどまらず、「埋め立てでなければ何のメリットもない」ため、海上案なら反対するという。撤去可能な海上施設ではなく、沖縄にとってプラスになる埋め立てによって「子や孫のためにも社会資本をつくっていく」という理屈である。名護の中心部に事務所を構え、「今こそ夢ある地域づくり」を看板に掲げて運動に乗り出した。賛成派のこうした考え方は、地元以外でも共有されていた。「米軍はいつまでも沖縄にいるわけではない。いずれはいなくなる。米軍がいる間にいろんな施設を日本政府に造らせて、それを後で沖縄の人間がもらえばいいんだ」[10]（国場組会長・国場幸一郎）。

9 石川真生『沖縄海上ヘリ基地』七一、七四ページ。

10 石川真生『沖縄海上ヘリ基地』七九、九七、一六七ページ。沖縄タイムス社編『民意と決断』九九ページ。国場組は基地建設で成長した沖縄最大の建設会社。

政府案が示されたのは一九九七年一一月のことである。普天間飛行場移設対策本部長を兼ねていた久間章生・防衛庁長官が沖縄を訪れて、名護市辺野古のキャンプ・シュワブ沖が海上基地建設の最適地であるという政府案を通告した。

「沖縄人独特の、のんきさというか人まかせというか」、「沖縄の人は火がつくのも早いけれど、しぼむのも早い」ためか[11]、反対運動も必ずしも順風満帆だったわけではないようだが、それでも反対の動きは広がりを見せ、政府案が提示される前の一九九七年五月には「ヘリポートいらない名護市民の会」（略称「市民の会」）も名護の市街地を中心に結成されている。反対派はさらに翌六月には二一の団体で構成する「ヘリポート基地建設の是非を問う名護市民投票推進協議会」（略称「推進協」、代表・宮城康博）を結成し、市民投票の実現に向けて動き出した。「大切なことは市民みんなで決めよう」がその合言葉になった[12]。

11　石川真生『沖縄海上ヘリ基地』一一一ページ。

12　宮城康博氏へのインタビュー（二〇一四年二月一七日）。名護市民投票報告集刊行委員会編『名護市民燃ゆ』。

「逆格差論は死なず」[13]

名護の政治、東京の政治

市民投票とは地方自治法第七四条に基づいて行われる「住民投票」のことである。それを求めるには、有権者の五〇分の一以上の署名が必要となる。一九九七年八月、法定数を大きく超えるとともに、目標としていた一万三〇〇〇をも上回る一万九〇〇〇人あまりの署名を集めた。選挙管理委員会の審査によって、有効とされた署名は一万七〇〇〇あまりとなるが、それでも当時の名護市の人口約五万四〇〇〇人のうち、有権者約三万八〇〇〇人の半数に迫る数を前に、市長周辺と与党関係者は動揺した。東京の政府も住民投票を阻止したいと考えた[14]。

市長は条例案に「賛成」の意見をつけて議会に提出し、市議会で条例案が審議された。しかし、議会は「賛成」「反対」に加えて「条件付き」の賛成・反対の四者択一での投票を採択した。条件とは「環境対策や経済効果が期待できるので賛成」、「(同)できないので反対」というものだ。賛否の焦点を環境と経済に絞

13 「逆格差論は死なず」の表題は、宮城康博『沖縄ラプソディ』六四ページからの借用。

14 沖縄タイムス社編『民意と決断』六五ページ。宮城氏へのインタビュー。

るというのは、考えてみればおかしな理屈である。それを基準に判断せよ、と誘導する選択肢だからだ。とにかく「賛成」票を増やそうという思惑から出た市長の意見書を取り入れたものだった。[15] 請求者の推進協はこの四つの選択肢とすることに反発したが、それでも、とにかく市民投票条例が採択されたということで推進協は解散し、「海上ヘリ基地建設反対・平和と名護市政民主化を求める協議会」に切り替えた。

予想以上に反対が多いという情報を得て、政府にも動揺が走った。それまでは北部地域の振興と基地問題は結びつけないという建前だったのが、一部の事業は「ヘリポートが実現した場合」という条件をつけるようになり、次第にリンクさせるようになっていく。ついに橋本龍太郎首相は、「海上ヘリポートが受け入れられなければ、普天間がそのまま残る」と牽制するようになった。比嘉市長は表向きは中立を装ったが、口を開けば振興策の必要性を強調するなど、内心では賛成であることは誰の目にも明らかであった。

地方自治体の住民投票とはいえ、政府も手をこまねいていたわけではない。久間章生・防衛庁長官は「御鳳声」なる文書を自衛隊に送付して協力を呼びかけ、『命どぅ宝』の気持ちで海上ヘリポートを考えています」と攻勢を強めた。閣僚や与党の大物政治家も名護までやって来て賛成派を応援したが、そうした活動に

15 賛成に数えられる票を増やそうという意図を持ったこの選択肢の発案者は、宮城康博氏によれば、後に市長となる岸本建男（当時の助役）のようである。

とどまらなかった。住民投票には公職選挙法が適用されないため、企業ぐるみの不在者投票の強要や酒食を伴う投票依頼なども頻繁に行われ、政府は二〇〇人を超す那覇防衛施設局職員を動員して戸別訪問も行った[16]。

投票は一二月二一日に行われたが、その直前に政府は、北部の市町村長を前に、基地受け入れを前提とした振興策を提示した。巧みな「条件」が功を奏して賛成に転ずる人が増えていったが、結果は二三〇〇票を超える差で「反対」が勝利をおさめた。「反対」は単独で五一・六三パーセント（「条件付き反対」一・二二パーセントを加えれば五二・八五パーセント）を占め、「賛成」八・一三パーセントと「条件付き賛成」三七・一八パーセントをあわせた四五・三二パーセントを上回った。投票率は八二・四五パーセントという高さであった。

この住民投票の原動力となった推進協の代表をつとめた宮城康博氏は「市民の良識の勝利だ。四択という形にゆがめられ政府の不当な介入の中、市民は本当にふんばった。市民に敬意を表したい」と勝利を喜んだ[17]。

しかし、投票の三日後、比嘉市長は上京し、橋本首相にヘリポート受け入れを表明した。同時に市長の職を辞すると発表した[18]。地域が分断され、近所の顔なじみや親戚、はては家族のあいだでさえ、基地建設をめぐって口をきかなくなった人たちが残された。比嘉市長は辞任の声明文で次のように述べた[19]。

16　目にあまる政府のやり方は県知事や県議会からも批判を浴びることになった。沖縄タイムス社編『民意と決断』八九、一〇九ー一一一、一一九ページ。名護市民投票報告集刊行委員会編『名護市民燃ゆ』一五九ー一六六ページ。

17　沖縄タイムス社編『民意と決断』一二四ページ。

18　普天間基地移設一〇年史出版委員会編『決断――普天間飛行場代替施設問題一〇年史』五七ページ。

19　名護市広報『市民のひろば』第三一五号（一九九八年二月）、『名護市史　本編7』一九三ページより再引用。

投票を巡り市民の意見は二分され、一部で人間関係に深刻な亀裂が入るまでに至りました。もともと国の所管する安全保障案件について、何故に名護の市民がそのような踏み絵を踏まされるのか、私たち市民にはやりきれない思いが今なお残っています。

仲地博・琉球大学教授（当時、行政法）は、「日本の中でも沖縄へ、沖縄でも名護へ、名護でも久志へという、嫌なものはより小さく弱い所へ押し付ける差別の構造」が背景にあると指摘する。[20]「北部地域を指す『ヤンバル』という言葉には、もともとは差別的な意味が含まれて」おり、「首里を中心とした那覇から見れば、『ヤンバル』というのは山に囲まれた野蛮な田舎」とされてきたというのは、名護の先にある本部半島の今帰仁村《なきじんそん》出身の作家、目取真俊氏である。「なぜ一九五〇年代に辺野古地区が、キャンプ・シュワブを誘致したのか」、そして「普天間基地の『移設』先として辺野古が浮上」した背景を理解するには、沖縄の中に「南北問題」や「東西問題」があることを認識しなければならないという。[21]こうして押し付けられた弱い立場の者をカネでだまらせる。それが東京の政治であるが、東京（政府）だけを責めるわけにはいかない。那覇（沖縄県当局）もこの差別構造の一環あるいは仲介役として一役買っているのが沖縄の歴史といえるだろう。

20　沖縄タイムス社論『民意と決断』一〇八ページ。

21　目取真俊『沖縄「戦後」ゼロ年』一〇六－一〇七ページ。

ともあれ、ここから名護の迷走が始まった。

迷走と模索

比嘉市長の辞任を受けて一九九八年二月九日に行われた市長選挙では、比嘉氏自らが後継者に指名した岸本建男・前助役が基地建設反対派の玉城義和氏を破って当選した。その得票差は一〇〇〇票あまりであった。かつては革新のエースと目された岸本が保守の救世主になった。その二日前に、大田知事が海上基地の受け入れ拒否を表明していた。その理由は、住民投票で民意が示されたからというものであった。

住民投票では反対が多数を占めたのに、市長選挙では比嘉前市長の後継者とされる岸本が勝利したのはなぜか。選挙前に岸本は「海上ヘリポート問題は、これを凍結し、県知事の判断を待ちたい」として、最大の争点と目された問題に対する態度を明確にせず、経済振興を訴えた。そうした作戦も功を奏したかもしれないが、別の面に注目したい。「ヘリ基地の是非を再び問う選挙だと言っていたのに、今まで通りの保革一騎打ちの図式になってしまった」とは反対運動にかかわってきた市民の声である。こういう人たちは市民投票の延長線上に市長選挙も捉えていた。しかし、「選挙は住民運動と違う人たち、政党や労組が中心になっていたので親しみが持てなかった」[22]。

基地建設を名護自身の問題として市民自ら判断して市長を選ぶというより、旧来の保革対決の構図となり、外部からの応援部隊の目立つ選挙になってしまった。政府関係者が介入した住民投票と反対のことが起きた。それが名護市民の投票に影響したことは十分に考えられる。その後、市議会議員選挙を経て、一九九九年一二月に事実上の基地建設容認の決議を市議会があげると、それに呼応するように、岸本市長は基地受け入れを表明した。安全性の確保、基地の整理・縮小、持続的発展の確保などの条件をつけ、これらが守られなければ「容認を撤回する」としたが[23]、容認は容認であり、それ以外のなにものでもない。東京の政治が次第に名護をのみこんでいく。

反対ばかり言ったら飯が食えるのか。いい飯が食いたいんでしょう。産業がおきて飯が食えればいいんでしょう。

岸本市長が基地受け入れを表明する前月、沖縄のテレビ番組にパネリストとして出演した島田晴雄・慶応義塾大学教授はこう発言した[24]。島田氏の言葉は、沖縄に対する政府の政策を端的に示している。

22 石川真生『沖縄海上ヘリ基地』二二五ページ。

23 普天間基地移設一〇年史出版委員会編『決断』九七ページ。

24 宮城康博『沖縄ラプソディ』一九〇－一九一ページ。

政府が沖縄に落としてきたカネにはいくつかの種類がある。そのひとつが梶山静六・内閣官房長官の私的諮問機関として一九九六年八月に設置した「沖縄米軍基地所在市町村に関する懇談会」を契機とする事業である。座長をつとめた島田氏の名をとって「島田懇談会」と呼ばれた。この懇談会の提言に基づいて、名護市を含む二五の自治体において、一九九六年から実質一〇年間にわたって総額約一〇〇〇億円にのぼる事業が展開された。名護市でも、人材育成センター整備事業や国際交流事業などが展開された。「基地の閉塞感を緩和するため」の事業ということになっていたが、要するに、他の沖縄振興策と同じく、やはりハコものの建設が中心であった[25]。

「琉球王朝以来、北部、やんばるは格差に苦しみ、悩んできました」、「(沖縄本島の) 南北問題は琉球王朝以来の問題です」という比嘉・元市長の言葉は、沖縄の歴史のなかで名護・やんばるが置かれてきた地位を示している[26]。ここには保守も革新もない。では、どうすればいいのか。比嘉氏をはじめとする人びとと東京の政府の対応はいつも同じ、巨額の政府資金の投下、要するにカネである。

しかし、大きな事業は本土の大手建設会社(いわゆるゼネコン)が受注し、地元にはさしてカネは落ちない。したがって、多額の予算がつぎ込まれても結局は持続的開発とはならない。一〇年間で一〇〇〇億円が投じられた「北部振興策」

25 『名護市史 本編7』一九〇―一九一ページ。

26 普天間基地移設一〇年史出版委員会編『決断』四七、六五ページ。

という名の補助金も同じ結果に終わった。名護では大事業のたびに土建屋が生まれては消えていった。当然ながら、失業率も一向に改善しない[27]。公共投資が地域経済に結びつかないという典型的な「ザル経済」である。「振興策」という名の膨大な予算が、その名に反して名護を蝕んでいく様子をつぶさに見てきた宮城康博氏は、その「影の深さ」をこう批判する[28]。

数百億円もの振興予算が入り続けているにも関わらず、企業倒産や農家の破産が続いている。これは明らかに政策的失敗としかいえない。まちづくりに必要なのは潤沢な予算だけではない。むしろ潤沢な予算は人々の知恵と参加をスポイルし、まちづくりにとっては阻害要因であるかもしれない。冷静に影の深さを考えなければ、地域は荒廃の一途である。

「分不相応の高級車をただでもらっても、維持費が高くついて生活を圧迫し、最後は破産する」とは、基地経済に詳しい前泊博盛・沖国大教授の巧みなたとえだが[29]、そのワナに名護もはまりこんだ。人口六万の小さな自治体に不相応な額の政府予算が各種の「振興策」の名目で注ぎ込まれ、次々にハコものが建設された。しかも予算の多くは基地建設予定地の東岸ではなく、人口の多い西岸に投下

27　米軍基地のある自治体は総じて失業率が高い。沖縄国際大学経済学科編『沖縄経済入門』一六九ページ。

28　宮城康博『沖縄ラプソディ』八五ページ。

29　前泊氏へのインタビュー、二〇一四年二月二五日。

された。明らかに選挙対策だろう。それにつれて名護市の財政は膨張し、国からの補助金で行われる公共事業が突出するという典型的な土建行政となった。くりかえすが、だからといって、それで市民の生活がよくなったわけではない。「思ったより振興策効果はないが、これに頼るしかない」（建設会社に勤める辺野古の住民）というのがそれを進める理屈であった[30]。

島田懇談会が果たした役割を「沖縄を内面から破壊するシャブでしかなかった」と評する宮城氏は「市民にとって良かったことといえば、公民館が立派になったことぐらいだろう」という[31]。

二〇〇六年四月に島袋吉和市長が「V」字形の滑走路を持つ施設の建設で政府と合意すると、辺野古区はそれを受け入れるかわりに一世帯あたり一億五〇〇〇万円の一時金と毎年二〇〇万円の永代補償を求める決議をした（二〇〇四年にも同様の要求をしている）。沖縄選出の下地幹郎衆議院議員が「絶対にのんじゃいけない。こういうことをやると沖縄はよくならない」と訴え、さすがに政府も「自らの足で立って自ら頑張るのが基本だ」と応じる始末であった。

もともと辺野古は、「他人が物を与えようとしても受けつけない。他人の力を借りず自分の力でしようとする」気質の土地とされてきた。辺野古区のホームページでも「他人の力を借りず、自分の力で生きていく」のがヒヌク・クンジョ

30　普天間基地移設一〇年史出版委員会編『決断』一七六ページ。

31　宮城康博『沖縄ラプソディ』一八九ページ、宮城氏へのインタビュー。沖縄では政府の補助金をしばしばシャブ（覚醒剤）にたとえる声を聞く。そうした予算で建てた「立派」な公民館のなかには、名護市の職員でさえ「馬鹿げた大きさ」とあきれるものもある。名護市役所での聞き取り、二〇一四年三月一一日。

ウ（辺野古根性）とうたい、「困っている時、他人が物を貸したり与えようとしても、頑として受けない」「人の恩を受けない」と説明している。それが今では、一面では「政府が投入する目のくらむような振興策は、拝金主義や格差を生み、地域の亀裂を一層複雑で根深いものにした」と地元紙が指摘するような政府の政策の結果でもあるとはいえ、完全に基地依存体質に変わり果てた。[32]

現状とのこの大きな落差を、笑うべきか、悲しむべきか。

「逆格差論は死なず」

二期八年に及んだ岸本市政の後、後継者として島袋吉和氏が市長の座に就いたが、一期四年を終えた二〇一〇年一月、名護市民は、一転して稲嶺進・現市長を当選させた。政府予算による振興を掲げる島袋市政を捨てて、稲嶺氏を選んだのはなぜか。要因はいくつか考えられよう。しかし、ここではあえて、ひとつだけ取り上げることにする。沖縄の未来を考えるとき、最も重要と思われるこの点に言及しておきたい。住民投票にこぎつけ、勝利した後の混迷は、ここにいたる道を名護市民が模索するのに要した時間なのだと考えたいからである。

それは、かつての「逆格差論」である。南北の経済格差を国の予算で埋めるという比嘉市長以降の考え方とは根本的に異なる。「名護市総合計画・基本構想」

32　『名護市史　本編11』六五ページ。『沖縄タイムス』二〇一〇年八月七日付、同年七月三〇日付。辺野古区のウェブサイト〈http://www.henoko.uchina.jp/people.html〉。

においてこれを掲げたのは、日本への復帰の翌年、一九七三年六月のことである。後に市長になる岸本建男は、当時は市の企画室職員としてこの計画づくりの中心にいた。

前章で述べたように、本土復帰後の本土資本による乱開発に危機感を抱いた名護市は、その背景にある「本土流の所得格差論」を乗り越える論理を構築しようとした。それが「逆格差論」であった。

ところがその後、観光が沖縄の大きな産業に発展すると、名護ではそれに乗り遅れたように感じる人も増えた。そんななかで一九八六年に比嘉市長が誕生した。「逆格差論の市政は成り立たない。農業中心では食えない」として、比嘉市政は「逆格差論」から大きく舵を切った。その延長線上に姿をあらわしたのが、海上基地受け入れと引き換えに政府の補助金を呼び込むという旧来型の保守政治であった。

しかし、先に述べたようなその結果を市民はよく見ていたのだろう。そうして選んだ稲嶺市長の下では、在日米軍の再編に協力した自治体にだけ交付するという「再編交付金」も凍結されたが、それでもこの四年間、何とかやりくりを工夫してきた。身の丈に合ったまちづくりを進めるその姿勢を市民が評価し、それが二〇一四年一月の市長選挙での四〇〇〇票差につながった。一九七〇年代の「逆格差論」は姿を消したように見えたが、そうではなかったのだろう。「表層からは消えても、地下に浸み込んで水脈として今まで続いているものがある」と宮城康博氏も言う。[33]

では、その「名護市総合計画・基本構想」とはどのようなものか。[34]

従来、この種の計画は経済開発を主とする傾向が強く、とくに長期におよぶ、米軍統治と本土からの隔絶状況におかれてきた沖縄においては、「経済大国」への幻想と羨望が底流にあったのであるが、いわゆる経済格差という単純な価値基準の延長線上に展開される開発の図式から、本市が学ぶものはすでになにもない。

こう高らかに宣言したうえで「農林漁業や地場産業の振興を計画課題の第一の基礎条件として設定」する。また、基地の存在を前提とはせず、「地域の文化や社会、環境などの地域の持つ歴史や固有性を無視し、人間の生命や生活といったものを軽視してきた、工業優先の思想や、企業、資本の論理による地域開発」の結果は何をもたらしたのかを問う。日本各地で進められた地域開発は「所得増大のみを唯一の至上目的として、その内実=質を問うことなく強行されてきた」

33　宮城氏へのインタビュー。

34　宮城康博『沖縄ラプソディ』より再引用。名護市中央図書館はなぜか「名護市総合計画・基本構想」を所蔵していない。

ために、「深刻な生命、生活、自然破壊」をもたらした。今こそ価値の転換を図り、「失われた山地、平野、川や海をとり返し、そこに正当な生産活動を回復させる」ことを目指す。そして、「失われた歴史と場所」を回復することで「沖縄自身の言葉と行動によって、本土に対し、差別と分断の歴史を問い返すことになる」としている。「所得とは何か、格差とは何か、中央と地方とは何か、そして本来、社会的に要請される計画の論拠が、経済学的にのみ一方的に設定されることは正しいことなのか」を問い直している。

〝あなた方は貧しいのです〟という所得格差論の本質とは、実は農村から都市への安価な工業労働力転出論であり、中央から地方への産業公害輸出論であり、地方自然資源破壊論であったと見ることができよう。

ここで批判の対象となっている「沖縄を本土の〝従属地〟としか見ない本土流の所得格差論」とは、まさに島田晴雄氏の「いい飯が食いたいんでしょ」発言にあらわれている考え方である。「沖縄における自立経済社会建設の戦略的課題は、その農林漁業や地場産業を正しく発展させることにある」という「逆格差論」の思想は、島田氏の、ひいては日本政府の考え方の対極にあるといえるだろう。

自治と自立の精神に立つ「逆格差論」の思想は、それにふさわしく、行政文書とは思えない格調高い文章に込められていた。その後、「逆格差論」からの離脱は、一九八六年の比嘉鉄也市長の登場とともに始まり、岸本、島袋三代にわたって続いた。その四半世紀近い年月は、名護市民があらためて「逆格差論」の思想にたどり着き、それを選び直すための模索の時間であった。「逆格差論は地域が地域であり続ける限り、そこが人が人として生きようとする地域である限り、新たな様相を帯びてきっと立ち上がってくる」との宮城氏の言葉は、こうして現実のものとなりつつある。[35]

誤解のないように言っておきたいが、これは基地はいらないという理想論と生活のための経済優先という現実論の対決ではない。基地か経済かではなく、基地とそれによってもたらされる政府のカネは、名護を豊かにしなかった。これが実際に起こったことであり、まさに現実である。基地と政府のカネが豊かさをもたらすといういわゆる「現実論」こそ幻想にすぎない。名護市民はそれを学んだ。だからこそ、政府の補助金や振興策に頼るのではなく、自らの手で身の丈に合ったまちづくりを目指すことにした。そこに豊かな名護を築く確かな道を見いだそうというのである。わたしはそう考えたい。

35 宮城康博『沖縄ラプソディ』七三ページ。

（追記）

ここまで書き終えた後、沖縄で出版されている雑誌に掲載された稲嶺進・名護市長のインタビューを見つけた。その一部を抜粋する。▼36

わが名護市は「逆格差論」という、全国でも珍しい理論を基本構想の中に打ち出して、長期的展望でのまちづくりをやったことがあるんです。しかしある時期から、経済だ開発だということで、列島改造論とかリゾート法ができると、名護市もそれに組み込まれるというか、流れに乗ってしまうような時代があったんですね。

それも一過性で収まってはきたけれども、その次に来たのは、経済を自分たちで作り出そう、立ち上がろうという前に、軍事基地とのバーターというか軍事基地を容認することによって国から入ってくるお金や振興策とかに目が向いてしまった時期。

一〇年間でたとえば北部振興策で一〇〇〇億円、島田懇事業といわれるもので一〇〇〇億円、そのあとにきた再編交付金と、どっぷり国の基地政策に組み込まれるような形でずっときたんですね。それらのうち約四〇〇億円は名護市に投入されている。ところがこれだけのものが一〇年間かけて投入さ

36　N27編集委員会編『N27』第三号、二〇一四年六月。

れたのに、私たち名護市民は豊かになったのかと。振興策という国の事業でそれを請け負った企業がきちっと利益もあげて自立する力をつけてきたかというと、どっちもノーなんですね。

国から来たお金はどこに行ったのか。この一〇年間、名護市民は考えることができた。結局それは地域活性化に何も大きな役割を果たさなかった。そういう効果はないにもかかわらず、一方で軍事基地は着々と進められている。そういうことから、名護市民は学習した、経験した。こういうような、米軍基地に頼った街づくりではやっぱりだめなんだと思い至るようになったんです。（略）なんとかそこで立ち止まる、振り返ることによって、新しい道筋を自ら切り開いていこう、そこに力を注ぐべきだという思いの人たちがいっぱい出てきた。

眠っていたもの、もともと持っていたものが吹き出した……汗して生活を、生業を維持していくんですね。どこかよそから、天から降ってくるようなものでなくて、自らの手で、力で、汗して勝ちとることによって、一歩一歩積み重ねていくところに、持続的なきちっとしたまちづくりができるんだという認識があったと思いますね。

海兵隊と日本の安全保障

神話と現実主義

沖縄の基地問題について、四つの問いを1章の最後に示しておいた。次の通りである。

①何もないところに基地をつくったら、カネを目当てにまわりに人が集まってきた。
②海兵隊の沖縄駐留は、日本の防衛のために、また抑止力としても、不可欠である。
③沖縄の経済は、基地に依存している。
④沖縄の人びとは本音では、基地の撤去よりも経済の発展を求めている。

①は容易にくつがえった。歴史的事実の問題なので、少し調べれば簡単に答え

が得られる。普天間基地となった場所には街道が通っており、それに沿っていくつも集落があり、役所や学校が並んでいた。家や土地を奪われた人たちがしかたなく基地の周辺に住みつき、今日にいたっている。

③については、6章で述べたように、現在では基地依存経済というわけではない。ただし、基地のある市町村の財政にとっては大きな存在となっており、さらに地主や基地労働者のことなども考えると、県民所得に占める五パーセントの代替はそう簡単な話ではないだろう。その鍵を握るのは跡地利用であり、沖縄経済の明日はここにかかっているように思われる。

②については、海兵隊についての根強い〝神話〟があるが、これもすでに述べたように、明確に否定するものである。海兵隊については前著『「戦後」と安保の六十年』（日本経済評論社、二〇一三年）にその概要を述べておいたので、とりあえずそちらを参照してもらいたい。また、屋良朝博『誤解だらけの沖縄・米軍基地』（旬報社、二〇一二年）も参考になろう。要点だけかいつまんでいえば、次のとおりである。

海兵隊というと、紛争が起こると真っ先に駆けつける「なぐりこみ部隊」というイメージを持つ人が多いが、海兵隊の長い歴史のなかで、そのような上陸作戦を行ったのは第二次世界大戦から朝鮮戦争までのわずか一〇年足らずのことにすぎない。その後は、これとは異なる方向へと性格を変えてきており、一九九一年の湾岸戦争以降は、ますます〝陸軍化〟が進んでいる。ロバート・ゲーツ国防長官（当時）は、海兵隊の式典で、「第二陸軍はいらない」とまで言っている。それでも今の海兵隊にも独自の役割を果たす部隊がある。それは二〇〇〇人ほどで構成する海兵遠征部隊（MEU）という小さな部隊である。有事におけるMEUの主な役割は非戦闘員の救出であり、敵の部隊と正面から戦闘することではない。災害派遣などの役にも立つ。長崎県の佐世保にはこの部隊を乗せるだけの船しか配備されていない。つまり、沖縄の海兵隊の大部分は「足」を持たないので、どこへも行けない。沖縄にいてもしかたのない兵士たちが駐留部隊の大半を占めている。このような部隊に即応性などあろうはずもない。MEUが日本ないしその周辺に駐留することに多少の意義はある。つまり、MEUの活動を支えるだけの施設が日本のどこかにあれば、それで十分なのである。いや、日本でなくても差し支えない。グアムでもフィリピンでもオーストラリアでも構わない。[37]ただし、アジア太平洋戦争で多くの犠牲の末に手に入れた沖縄という〝戦利品〟を海兵隊は簡単には手放さないかもしれない。その上、莫大な「思いやり予算」が駐留を支えている。最大の障害はここにある。

さて、問題は④である。嘉手納や普天間で訴訟が起きていることからもわかる

37　当初の日米合意（米軍再編のロードマップ）では、海兵隊の司令部が米領グアムに移転する計画であったが、その後、戦闘部隊が移転することに変更された。実働部隊が沖縄に張り付いていなければならない理由など、そもそもないのである。それでも、基地の返還はわずかしか進まない。これもアメリカ軍の都合が最優先という日米安保体制の構造から来ている。

ように、こうした基地は周辺住民に騒音をはじめとする直接的な被害をもたらしている。日常的な被害や危険性、そして街づくりへの悪影響などは、普天間で暮らしてみて実感できた。しかし、その一方で、普天間周辺の声もそうであったが、そうした地域の住民ほど基地撤去という方向での問題の解決を強く求めているとは簡単にいえない面もある。[38] このあたりに考えてみなければならない課題が潜んでいるように思う。沖縄関係予算に各種の補助金や振興策、そして基地の地代に雇用と、基地が今の沖縄の生活を支えている面があることを考えると、簡単には答えられないように思う。民意のあらわれ方が世論調査と選挙で異なっていたのはそのあたりの事情を反映しているのではないか。

沖縄で開かれる基地問題の集会には、しばしば「安保破棄」というプラカードが見られる。そういう主張が一部にあることは承知しているし、そもそも日米安保条約がなければ基地はないのだが、これは今のところ現実的な解決策とはいえない。ここでいう現実的とは、現実の状況に照らして有効な政策であり、かつ実現可能性が高いという意味である。日米安保は日本の安全保障に役立っていると考えている国民が多数を占めており、沖縄でも同様であろう。

では日米安保条約を認めるということは、現在ある米軍基地をそのまま認めるということなのか。そうとは限らない。日米安保体制を支持するとしても、今の

38 二〇〇六年の県知事選では基地依存度の高い自治体ほど、仲井眞氏に投票する割合が高かった。大久保潤『幻想の島 沖縄』二二四－二二六ページ。

あり方を再検討することは、論理的にも現実的にも可能な話であるばかりか望ましいといえる。

負担と貢献

最後に、沖縄に足りないのではないかとわたしが考えている点を指摘しておきたい。これは沖縄の基地問題を考えるとき、乗り越えなければならない課題であろう。沖縄に行く前から気になっていたことであるが、半年あまりの普天間暮らしを経て、今や確信となった。それは論理と回路である。さらに絞って具体的にいうなら、米軍基地の負担と日本の安全保障への貢献についての検討である。

一五年ほど前のことになるが、三人の琉球大学教授が「沖縄イニシアティブ」を提起し、沖縄で大きな論争が起こった。[39] 有り体にいえば激しい非難が浴びせられた。この提言の評価はここでは控えるが、「沖縄に基地を集中させておきたい日本政府や『本土』の保守勢力からすれば、沖縄内部から発せられた基地肯定のメッセージとして好都合」なものというのが批判側の論点のひとつである。[40] 確かに三人の著者は「日米同盟が果たす安全保障上の役割を評価する立場に立つものであり、この同盟が必要とする限り沖縄のアメリカ軍基地の存在意義を認めている」というのだから、そのような批判を浴びるのも理由のないことではない。し

39 大城常夫・高良倉吉・真栄城守定『沖縄イニシアティブ』。

40 目取真俊『沖縄「戦後」ゼロ年』一一四ページ。

かしながら、この提言には注目すべき問題提起も含まれていた。あるいは、基地問題の解決に向けて前向きに活用できる提起と言い換えてもいいだろう。「沖縄イニシアティブ」のなかの次の点に注目したい。

日米安保体制を基本的に肯定する三人は、米軍基地の問題を「それが存在することの是非を問う問題としてあるのではなく、その効果的な運用と住民生活の安定をいかに矛盾なく調整できるかという課題としてある」と捉える。では、調整するとはどういうことか。二つ考えられる。一つは今ある基地を全面的に肯定し、そのうえで負担をカネで補填することである。そして、整理・縮小あるいは危険性の除去と称して沖縄のなかでも周辺地域に押しつける。他の一つは、実際の基地の態様や機能を点検し、日本の安全、周辺地域の安定、そして地元住民の生活の視点から、これらの基地と部隊を仕分けし、その運用を点検する。そうすれば、役割や重要性の度合いは、不可欠から不要まで、さまざまに分別できるにちがいない。それらを区分けすることで負担すべきものと負担できる範囲・程度を適切に定め、その限度を超えるものについて改善策を講じる。こうした姿勢は本土の国民の理解を得るうえでも必要となろう。

「この同盟が必要とする限り」と三人はいうが、誰がその「必要」を決めるのか。アメリカが、それも軍が「必要」という名の軍の都合を押しつけているだけなのではないのか。本来であれば、米軍再編論議の際などに、沖縄からこうした問題提起をしてもよかったはずであるが、この三人がそうしたことを行ったかどうか、わたしは知らない。著者のひとり、高良倉吉氏はその後、副知事に転じたが、仲井眞知事の姿勢が先の選択肢のうちの「カネで補塡、周辺に押しつけ」であることに疑問の余地はない。高良氏が副知事としてこれを支えてきたのであれば、先の目取真氏の批判は的を射たものといえる。

さて、沖縄の米軍基地の約七五パーセントは海兵隊である。つまり、沖縄の基地問題とは、嘉手納の騒音を除けば、海兵隊の駐留であるといえるほどである。普天間の危険性は暮らしてみてわたしなりに実感できたが、危険だから撤去というだけでは、移転先を探すことになり、県外移設を主張すれば本土との軋轢を生むことになる。海兵隊駐留の必要性を問わないままの押しつけ合いでは、国民のあいだに〝内乱〟を誘発することになる。その利益を得るのは誰なのか。相手をまちがえてはならない。

このように考えると、基地を論じるときに枕詞のように出てくる「米軍専用施設の七四パーセント」という数字は、実は基地問題を議論するうえでは必ずしも有効ではないのではなかろうか。沖縄の負担が大きいことを示す数字にはちがいないが、それがそのまま米軍基地の負担を示すものではないし、ましてや日本の安全保障への貢献ではない。基地の実質的な中身を問わないままこうした数字だけをあげて負担を強調してみても、本土の国民と問題を共有することはできないだろう。手厚い補助金と振興策がそれを補塡している、といわれた場合に対抗できなくなるからだ。

本土にも米軍基地をめぐる問題があり、訴訟も起きている。本土の国民と問題を共有することが沖縄の基地問題の解決には不可欠だが、沖縄で暮らしてみて残念に思ったことのひとつは、反対に、本土の国民に対する敵対感情を煽るような言説が目立つようになってきていることである。問題のありかを見誤っていては解決の道は見いだせない。

では、本土の側はどうか。問題を見誤っている、あるいは問題を直視していない点は本土も同じである。同じどころではない。米軍基地のない所に暮らす人びとはほとんど関心を持っていない。なぜ、米軍基地の問題を基地周辺住民に押しつけて平気でいられるのか。また、たとえば米軍横田基地のいわゆる横田ラプコン[41]によって、首都圏の空の大半を外国軍に支配されているということを知らず、あるいは知っても問題だとさえ思わない。そして、嘉手納であれ厚木であれ、問題を突きつけられると、カネで解決しようとする。これでは問題の解決にはならない。日米安保体制を肯定するだけで、それ以上のことを考えない、安保の内実

41 ラプコン（RAPCON: radar approach control）とは、レーダー進入管制所のことで、離陸後の上昇飛行や着陸のための降下飛行を行う航空機に対して、レーダーを使用して行う管制業務空域の管制をいう。民間航空機であってもこの空域は米軍の航空管制を受

を問わない姿勢に問題がある。

　それはなぜか。理由のひとつは、日米安保が戦後日本の〝成功物語〟の一部となっていることにあるのではないか、とわたしは考えている[42]。日米安保が必要であるということと現在ある基地とその運用のすべてが必要であることは同じではなく、簡単にイコールで結ばれる話ではない。米軍の飛行場のなかで周辺住民から訴訟が起きている横田、厚木、嘉手納、そして普天間で、背景の事情はそれぞれ異なっている。何が同じで何がちがうのかを見れば、対応策や解決策もそれぞれちがってくるであろう。沖縄と本土のあいだで課題を共有し、共通の目標を持つことが肝要である。莫大な税金を米軍に注ぎ込み、基地周辺に負担を負わせているが、それが本当に必要なのか、それに見合う貢献をしているか。これを納税者の視点で検証し、主権者の立場で判断し主張するのがわれわれの務めであろう。

けなければ飛行できない。そのため、羽田を発着する民間機はこの空域を避けて飛行している。このために経済性、安全性の両面から問題が生じている。沖縄の上空はすべて嘉手納ラプコン下にあり、那覇空港に発着する民間機もすべて嘉手納ラプコンの下にある。米軍がここで実施していた進入管制業務は、二〇一〇年三月三一日をもって日本側に移管された。しかしながら、「米軍の運用所要を満たすことを条件に返還する」という条件であったため、その後の運用でも米軍優先は変わっていない。

42　それが「吉田ドクトリン」論となって広まっている。これも〝神話〟にすぎないと思うのだが、この点については別稿で論じた。『年報・日本現代史』第二〇号（二〇一五年五月）。

あとがき

半年あまりの普天間暮らしを終えて、二〇一四年四月から本務校に復帰した。それからすでに一年が過ぎた。この間に起きたいくつかの出来事に触れておきたい。

まず、二〇一四年九月に行われた名護市議会議員選挙では、辺野古への基地建設に反対し、稲嶺進市長を支持する候補者が前回選挙に続いて過半数を占めた。ここでも、名護の有権者の選択は辺野古反対を示したということができるだろう。

そして、注目を集めた沖縄県知事選挙がその二カ月後に行われた。現職の仲井眞弘多氏に対して、辺野古建設阻止を訴える翁長雄志・前那覇市長との事実上の一騎打ちとなった。前回の知事選挙では、翁長氏は仲井眞氏の選挙対策本部長を務めた。同じ自民党系の保守政治家である二人は辺野古をめぐって分裂した。この保守分裂に対して、社会大衆党から共産党まで、野党の多くは翁長氏の支持にまわった。共産党の沖縄県事務所にも堂々と翁長氏を応援する看板が出ていた。

わたしは両候補の選挙事務所を訪れて資料をもらい、両候補の街頭演説を二度ずつ聞いた。仲井眞氏の事務所では、「基地返還闘争七〇年の夢実現」として、埋め立て承認によって普天間返還への足掛かりをつけたことを自賛するパネルを窓に展示していた。「普天間市民の命の保障と一四四万坪の基地返還」を勝ち取ったというわけだ。「やっと実現する安心と平和を奪わないでください」とは、翁長氏が当選したらこの成果がふいになってしまう、という意味だろう。街頭演説でも仲井眞氏は「十八年ものあいだ動かなかった普天間問題を前進させた」と、辺野古埋め立て承認を成果として誇った。一方の翁長氏は、「基地は沖縄発展の最大の阻害要因」として、基地縮小の姿勢を示すとともに、辺野古への基地建設を認めないことを明言した。他の候補者（下地幹郎氏、喜納昌吉氏）も含めて、誰もが最も強く訴えたのが普天間基地の辺野古移設問題だった。

選挙戦の最終日に仲井眞氏の運動員の列をしばらく見ていたが、建設業や医師会などののぼりが多く、いつも通りの保守の組織選挙だった。運動員は、いかにも組織の動員で来ているという感じの人が多かった。その日の夜、両者の最後の街頭演説を聞いたが、仲井眞氏の陣営では、うしろの方にいる人たちはほとんど演説を聞いていなかった。これに対して、翁長氏の陣営では、運動員たちも翁長氏の話に熱心に聞き入っていた。運動員たちの熱気の差がそのまま結果に表れた。投票の結果は、約三八万票を獲得した翁長氏が、仲井眞氏に一〇万票近い大差をつけて当選した。投票率は特に高かったわけではないが、翁長氏の得票は投票全体の五〇パーセントを超えた。

知事選挙の翌月に行われた衆議院議員総選挙も興味深いものとなった。沖縄には四つの選挙区があるが、いずれの選挙区でも、自民党の候補者は小選挙区では当選できなかった（四人は比例代表選挙に重複立候補しており、いずれも議席を得た）。

つまり、二〇一四年は、一月の名護市長選挙に始まり、一二月の衆議院議員選挙まで、四つの選挙はいずれも、辺野古反対を示すという結果となった。民意は誰の目にも明瞭である。

こうした選挙結果は、政府の普天間問題への取り組み姿勢を何ら変えるものとはならなかった。安倍晋三首相をはじめ政府高官は「粛々と工事を進める」と口々に繰り返し、年が明けて二〇一五年になると、台風と選挙への影響を避けてしばらく中断していたボーリング調査をさっそく再開した。「粛々と」とは、静かにといったほどの意味だが、要するに、沖縄の声を聞く気はなく、したがって対話や交渉に応ずるつもりもない、ということだ。「問答無用」の言い換えである。

翁長知事は三月二三日、調査のための工事の一時停止を防衛省沖縄防衛局に指示した。承認した区域外でサンゴ礁を破壊している可能性があり、県として調査したいということだ。これに対して政府は、菅義偉・内閣官房長官が「この期に及んで」そのような行動に出ることに不快感を示し、知事の指示を無効にして工事を続けている。安倍首相は「戦後レジームからの脱却」を唱えていたが、沖縄に集中する米軍基地こそ、戦後レジームそのものではないのか。

わたしは、沖縄に関する仕事をする機会も増えたが、沖縄研究者というわけではない。戦後日本の安全保障政策を研究課題としてきた延長線上に、必然的に沖縄の米軍基地問題にも取り組まなければならないと感じるようになった。沖縄を抜きに安保も自衛隊も語れない。

沖縄行きが決まると、何をしに行くのかと周りから聞かれた。わたしは「オスプレイの音を聞きに行く」とか「基地のそばで寝起きしてみたい」などと答えるようにしていた。いちいち説明するのが面倒だったからでもあるが、こんな答えにどう反応するか見てみたいという意地悪な気持ちもあった。わたしの返答に

「おもしろい」と言ってくれる人もいたが、眉をひそめる人もいた。「そんなに沖縄が好きなのか」と問う人には、「別に好きだから行くわけではない」と答え、戻ってきて「沖縄が好きになったか」との問いには、「好きにも嫌いにもならなかった」と答えた。実際にその通りなのだが、行く前から、こうした質問にはこう答えようと決めていた。沖縄とはそういう距離の取り方を保ちたいと考えていたし、今もそう考えている。

ところで、沖縄にかかわる人のあいだには「沖縄病」というものがあるという。一九六〇年代に沖縄を訪れた本土の政治家や文化人らを中心とする人びとの間で流行した「社会的・心理的な傾向や性向」を指してこう呼ぶのだそうだ（北村毅『死者たちの戦後誌』）。その代表は佐藤栄作・元首相や作家の大江健三郎氏ということになるのだが、わたしは、沖縄病にはかかるまいと思って沖縄に出かけた。生活者として暮らしのなかで沖縄を見る一方、あくまで研究者の目で沖縄を見ようと思ったからだ。

短い期間ではあるが、沖縄で暮らしてみて、沖縄戦の傷の深さや基地問題の深刻さについては以前よりも少しは理解が進んだと思うが、沖縄病にかかったという自覚はない。むしろ、沖縄自身が抱えている問題（それこそ「病」と呼んでさしつかえないと思うものもある）が見えてきたため、以前よりも沖縄を客観的に見られるようになってきたと感じている。

「ここはいいところですよ、のんびりしていて」と言う北海道出身のタクシー運転手に会った地域で、「そのいいかげんさが嫌で、出て行く若者も多い」と地元の人がため息まじりに説明してくれる。本土から移り住んだ人もいろいろだ。沖縄の野菜に惚れ込んで料理店を開いた人にも会ったし、沖縄の人と結婚し、沖縄で暮らしながら「沖縄でしか生きられない人間にならないように子どもを育てた」と胸を張る人や、店の扉を開けて自分の顔を見るなり「なんだ、ヤマトの人間の店か」という顔をされたという飲食店主もいた。

半年ぐらいで何がわかるかとも言われ、たしかにその通りなのだが、それでも、本土にいたときにはわからなかったが暮らしているあいだに見えてきたこともある。少なくとも、何を知らなければいけないのか、何を理解しなければならないのかは、いくらかわかり始めたと思っている。

沖縄に滞在して研究する機会が得られたことは、わたしにとってまことに幸運であった。この幸運を手にすることができたのは、沖縄国際大学法学部（前津榮健学部長＝当時）が研究員としてわたしを受け入れてくれたからである。はじめは吉次公介さん（当時は沖縄国際大学、現在は立命館大学）が、のちに吉次さんが大学を移ることになってからは、黒柳保則さん（法学部准教授）が「指導教員」になることを引き受けてくれた。お二人にあらためて感謝申し上げるとともに、黒柳さんとともに快適な研究環境を用意してくれた同大研究支援課の皆さんにも感謝したい。黒柳さんは、専門とする沖縄の自治や宮古・八重山の歴史の視点から、とかく基地問題だけで沖縄を捉えがちなわたしの視野を広げるなど、文字通り「指導教員」の役割を果たしてくれた。沖国大では、法学部の照屋寛之教授や佐藤学教授、野添文彬講師、さらには前泊博盛・経済学部教授をはじめとする他学部の先生方にもいろいろと教えていただいた。

ジャーナリストの屋良朝博さん（元・沖縄タイムス記者）にもたいへんお世話になった。『沖縄タイムス』やＮＨＫ沖縄放送局の記者の皆さんから得られた情報も大いに役立った。新聞への寄稿やテレビ番組への出演も勉強の機会となった。また、沖縄対外問題研究会（我部政明代表）にも参加させてもらった。これら多くの方々のご厚意にあらためて感謝申し上げるとともに、多くのことを教わりながらも、それを十分生かせていないことについては、今後の課題ということで、お許しを乞う次第である。

勤務先の流通経済大学法学部の同僚にも感謝しなければならない。ぎりぎりの人数での運営を強いられ余裕のないなかでわたしの「国内留学」を認めてくれた同僚諸氏が今後、研究のための制度を最大限に活用して大いに成果をあげることを願うとともに、わたしにできる限りの支援をすることを約束する。

最後に、若い頃から親しんできた沖縄出身の詩人、山之口貘の作品をひとつ紹介したい。

島の土を踏んだとたんに
ガンジューイとあいさつしたところ
はいおかげさまで元気ですとか言って
島の人は日本語で来たのだ
郷愁はいささか戸惑いしてしまって
ウチナーグチマディン　ムル
イクサニ　サッタルバスイと言うと
島の人は苦笑いしたのだが
沖縄語はじょうずですねと来たのだ

「弾を浴びた島」というこの詩は、一九五八年、故郷・沖縄の土を三四年ぶりに踏んだ時のことをうたったものだ。「お元気ですか」と沖縄のことばでたずねたのに対して、共通語で返ってきたことにとまどい、「沖縄方言までも、すべて、戦争でやられたのか」と嘆いた。

「『やまとぐち』は家になく、里にもなく、学校だけにあった」と喝破したのはエッセイストの古波蔵保好である（古波蔵『沖縄物語』）。「『方言札』が自分をねらっていると知っていても、他人行儀の『やまとぐち』など、友だちに向っていいえなかった」という。「やまとぐち」とは日本本土のことばという意味だが、沖縄では「普通語」とも呼ばれたいわゆる標準語のことである。普天間高校の教壇に立ったこともある詩人の高良勉も「日本語を使うのは学校の授業だけで、休み時間や家に帰ると『ウチナーグチ（沖縄語）』と呼ばれる琉球語が中心」だった（高良『沖縄生活誌』）。方言札は全国各地にあったが、「方言追放」が沖縄ほど成功した地域もめずらしいのではなかろうか。大学のキャンパスで沖縄のことばを耳にすることはほとんどなかった。これには沖縄自身の事情が大きく作用しているのだろう。

沖縄のことばを「琉球語」と呼ぶことは沖縄に対する差別とされていた時代がある。沖縄独立論が盛んになり、琉球民族独立総合研究学会までできた現在では、むしろ「琉球語」が政治的に〝正しい〟名称になり、方言と呼ぶことは「差別」と糾弾されかねないだろう。その一方で、かつては八百ほどもあったとされる沖縄各地の方言（シマことば）は、すでに百ほどが絶えたという。話者の減っているシマことばは、ウチナーグチ復興運動によってかえって消滅を早めかねない、と危機感を抱く沖縄の言語学者もいる。本文でも触れた沖縄域内の格差や差別の問題もあわせて考える必要があろう。

首里城の開園に合わせて、一九九二年に開催された沖縄本島南部の南風原《はえばる》文化センターの企画展には「役人が農民をたたいたムチ」や「年貢を払うために働きすぎて倒れた農民」の人形が展示された。これを見た編集者の新城和博は「なかなかのセンスだなあ」といたく感心した〈新城『ぼくの沖縄〈復帰後〉史』〉。「南風原の風」というその企画展の名称は、翌年に放送されたテレビドラマ「琉球の風」をもじったものというおまけまでついている。

以前のわたしであれば、この企画展の意義に触れた部分を読み飛ばしていたにちがいない。「なかなかのセンスだなあ」というさらりとした皮肉に目を留めることができただけでも、普天間で暮らして見た意味はあったのだと思う。

植村　秀樹

二〇一五年四月

館，2004
林公則『軍事環境問題の政治経済学』日本経済評論社，2011
比嘉政夫『沖縄の親族・信仰・祭祀——社会人類学の視座から』榕樹書林，2008
普天間基地移設10年史出版委員会編『決断——沖縄普天間飛行場代替施設問題10年史』北部地域振興協議会，2011
普天間米軍基地から爆音をなくす訴訟団『静かな日々を返せ』第１～第４集，2008～2013
前泊博盛『もっと知りたい！本当の沖縄』岩波書店，2010
宮西香穂里『沖縄軍人妻の研究』京都大学学術出版会，2010
宮里政玄・新崎盛暉・我部政明編著『沖縄「自立」への道を求めて——基地・経済・自治の視点から』高文研，2008
宮本憲一・川瀬光義編『沖縄論——平和・環境・自治の島へ』岩波書店，2010
宮本憲一・西谷修・遠藤誠治編『普天間基地問題から何が見えてきたか』岩波書店，2004
宮城康博『沖縄ラプソディ——〈地方自治の本旨〉を求めて』御茶の水書房，2004
目取真俊『沖縄「戦後」ゼロ年』日本放送出版協会，2005
森宣雄・鳥山淳編著『「島ぐるみ闘争」はどう準備されたか——沖縄が目指す〈あま世〉への道』不二出版，2013
山之口貘『山之口貘 沖縄随筆集』平凡社，2004
山之口貘『山之口貘 詩文集』講談社，1999
屋良朝博『誤解だらけの沖縄・米軍基地』旬報社，2012
琉球新報社編『沖縄県民意識調査報告書』2001，2006，2011
琉球新報社編『呪縛の行方——普天間移設と民主主義』琉球新報社，2012
琉球新報社編『ひずみの構造——基地と沖縄経済』琉球新報社，2012
琉球新報社編『この空　私たちのもの』琉球新報社，2012
琉球文化研究所編『山之口貘　詩と語り』Ryukyu企画，2013

島袋純『「沖縄振興体制」を問う——壊された自治とその再生に向けて』法律文化社，2014
下嶋哲朗『豚と沖縄独立』未來社，1997
新城和博『ぼくの沖縄〈復帰後〉史』ボーダーインク，2014
鈴木滋「米国における基地環境汚染の浄化をめぐる諸問題——国防総省の環境修復計画と関連法令を中心に」『人間環境論集』14巻3号，2014. 3
平良好利『戦後沖縄と米軍基地——「受容」と「拒絶」のはざまで　1945～1972年』法政大学出版局，2012
高良勉『ウチナーグチ（沖縄語）練習帖』日本放送出版協会，2005
高良勉『沖縄生活誌』岩波書店，2005
照屋寛之「米軍基地と自治体行政」『沖縄国際大学総合学術紀要』第12巻第1号，2008. 10
土地連五十周年記念誌編集委員会編『土地連のあゆみ——創立五十周年史（通史・資料編）』2006
鳥山淳編『イモとハダシ——占領と現在（沖縄・問いを立てる　5）』社会評論社，2009
鳥山淳『沖縄——基地社会の起源と相克1945－1956』勁草書房，2013
豊原区字誌編纂委員会編『名護市豊原誌』2007
中島琢磨『沖縄返還と日米安保体制』有斐閣，2012
中野好夫・新崎盛暉『沖縄戦後史』岩波書店，1976
長元朝浩「『土地』をめぐる基地問題」『新沖縄文学』1986. 6
名嘉真宜勝『沖縄の人生儀礼と墓』沖縄文化社，1999
名護市史編さん委員会編『名護市史　本編11　わがまち・がわむら』1988
名護市史編さん委員会編『名護市史　本編7　社会と文化』2002
名護市戦争記録の会，名護市史編さん委員会（戦争部会），名護市史編さん室編『語りつぐ戦争　第1集（名護市史叢書1）——市民の戦時・戦後体験記録』1999
名護市教育委員会文化課市史編さん係編『語りつぐ戦争　第2集（名護市史叢書16）——市民の戦時・戦後体験記録』2010
名護市教育委員会文化課市史編さん係編『語りつぐ戦争　第3集（名護市史叢書17）——やんばるの少年兵「護郷隊」～陸軍中野学校と沖縄戦』2012
名護市民投票報告集刊行委員会編『名護市民燃ゆ～新たな基地はいらない～』海上ヘリ基地建設反対・平和と名護市政民主化を求める協議会，2010
難波功士編『米軍基地文化』（叢書　戦争が生み出す社会　Ⅲ）新曜社，2008
林博史『米軍基地の歴史——世界ネットワークの形成と展開』吉川弘文

沖縄県土地調査事務局編『沖縄の地籍問題――経緯と現状』1975
沖縄県南風原文化センター『南風の杜』（沖縄県南風原文化センター紀要）第９号，2003，第11号，2005
沖縄県立北部農林高等学校創立60周年記念事業期成会記念誌編集委員会『創立60周年記念誌　躍進』2006
沖縄国際大学経済学科編『沖縄経済入門』編集工房東洋企画，2014
沖縄国際大学図書館『でいご』第42号，2008
沖縄国際大学南島文化研究所編『米軍ヘリ墜落事件は，どのように報道されたか』2006
沖縄国際大学公開講座委員会編『基地をめぐる法と政治』（沖縄国際大学公開講座15）編集工房東洋企画，2006
沖縄タイムス社編『民意と決断――海上ヘリポート問題と名護市民投票』沖縄タイムス社，1998
沖縄タイムス中部支社編集部『基地で働く――軍作業員の戦後』沖縄タイムス社，2013
オフィス・ユニゾン『FUTENMA360°』ビブリオ・ユニゾン，2010
川瀬光義『基地維持政策と財政』日本経済評論社，2013
北村毅『死者たちの戦後誌――沖縄戦跡をめぐる人びとの記憶』御茶の水書房，2009
宜野湾市編『宜野湾市と基地』1984，1988，1993，2009
宜野湾市議会事務局編『宜野湾市議会史　資料編』2006
宜野湾市教育委員会編『ぎのわんの地名――内陸部編』2012
宜野湾市教育委員会文化課編『ぎのわん市の戦跡』〔第２版〕1998
宜野湾市史編集委員会編『宜野湾市史　第一巻・通史編』1994
宜野湾市史編集委員会編『宜野湾市史　第三巻・資料編二　市民の戦争体験記録』1982
宜野湾市教育委員会編『宜野湾市史　第八巻・資料編七　戦後資料編Ⅰ　戦後初期の宜野湾（資料編）』2008
宜野湾市史編集委員会編『写真集「ぎのわん」』宜野湾市史別冊，1991
栗田尚弥編著『米軍基地と神奈川』有隣堂，2011
来間泰男『沖縄経済論批判』日本経済評論社，1990
来間泰男『沖縄の米軍基地と軍用地料』榕樹書林，2012
「5000年の記憶」編集委員会編『5000年の記憶――名護市民の歴史と文化』名護市役所，2000
古波蔵保好『沖縄物語』新潮社，1981
小森陽一編『沖縄とヤマト――「縁の糸」をつなぎなおすために』かもがわ出版，2012
笹本浩「新たな沖縄の米軍基地跡地利用推進のための法制度――跡地利用特措法の成立」『立法と調査』331号，2012. 8

参考文献一覧

字神山郷友会編『神山誌』2012
字宜野湾誌編集委員会編『ぎのわん——字宜野湾郷友会誌』1988
字宜野湾郷友会編『じのーんどぅーむら』2009
字誌編纂委員会編『久志誌』1998
新城郷友会誌編集事務局編『新城誌——新城郷友会』2000
新崎盛暉『戦後沖縄史』日本評論社，1976
新崎盛暉『新版　沖縄・反戦地主』高文研，1995
蟻塚亮二『沖縄戦と心の傷——トラウマ診療の現場から』大月書店，2014
アレン・ネルソン『元米海兵隊員の語る戦争と平和』沖縄国際大学広報委員会，2006
石川真生『沖縄海上ヘリ基地——拒否と誘致にゆれる町』高文研，1998
伊波洋一『普天間基地はあなたの隣にある。だから一緒になくしたい。』かもがわ出版，2010
伊波洋一・柳澤協二『対論・普天間基地はなくせる』かもがわ出版，2012
N27編集委員会編『N27——「時の眼—沖縄批評誌」』（新星出版）第3号，2014.6
大久保潤『幻想の島　沖縄』日本経済新聞出版社，2009
大城立裕『普天間よ』新潮社，2011
大城立裕『私の仏教平和論——戦争を抑止する英知をもとめて』佼成出版社，1987
大城常夫・高良倉吉・真栄城守定『沖縄イニシアティブ——沖縄発・知的戦略』ひるぎ社，2000
大田昌秀・新川明・稲嶺恵一・新崎盛暉『沖縄の自立と日本——「復帰」40年の問いかけ』岩波書店，2013
沖縄県環境保健部公害対策課編『沖縄県における米軍基地に起因する航空機騒音の現況』（公害対策資料No. 41）1981
沖縄県教育文化資料センター平和教育研究委員会編『平和教育の実戦集Ⅱ——沖縄戦と基地の学習を深めるために』1984
沖縄県教職員組合編『沖縄の平和教育　第一集——特設授業を中心とした実践例』1978
沖縄県総務部知事公室基地対策室編『駐留軍用地の今・昔——写真で見るその変遷と跡利用』1996
沖縄県知事公室基地対策課編『沖縄の米軍及び自衛隊基地（統計資料集）』2013
沖縄県知事公室基地対策課編『沖縄の米軍基地』2013

著者紹介
植村　秀樹（うえむら・ひでき）
流通経済大学法学部教授
1958年愛知県生まれ。早稲田大学法学部卒業。青山学院大学大学院国際政治経済学研究科博士課程修了。2001年より現職。博士（国際政治学）。専門は日本政治外交史、安全保障論。

主な著書に『「戦後」と安保の六十年』（日本経済評論社、2013年）、『自衛隊は誰のものか』（講談社現代新書、2002年）などがある。

暮らして見た普天間
沖縄米軍基地問題を考える

2015年6月1日　初版第1刷発行

著　者　植村秀樹
発行者　吉田真也
発行所　合同会社 吉田書店
102-0072　東京都千代田区飯田橋2-9-6 東西館ビル本館32
Tel：03-6272-9172　Fax：03-6272-9173
http://www.yoshidapublishing.com/

装丁　折原カズヒロ
DTP　アベル社
印刷・製本　藤原印刷株式会社
定価はカバーに表示してあります。

ISBN978-4-905497-34-9